组合调水工程和气候变化对汉江水环境生态的影响研究

陈攀 李剑平 著

中国水利水电出版社
www.waterpub.com.cn
·北京·

内 容 提 要

本书共分为7章：第1章概述；第2章环境流体动力学模型研究；第3章丹江口库区污染源分析；第4章组合调水工程对库区的影响预测；第5章组合调水工程对汉江中下游的影响预测；第6章气候变化与人类活动影响识别；第7章维持河流生态功能的环境流量研究。本书在利用模型方法评价水利工程联合运行下丹江口水库库区及汉江中下游河道生态环境变化的基础上，定量区分了气候变化及人类活动的影响，同时进行了满足水功能区与水生态保护目标的环境流量推求，研究成果拓展了大型水利工程水环境效应的相关研究内容，可用于指导水利工程的调度运行。

本书主要面向水利类和环境类等相关专业的教师和研究生以及调水工程运行调度与管理领域的技术人员。

图书在版编目（C I P）数据

组合调水工程和气候变化对汉江水环境生态的影响研究 / 陈攀，李剑平著. -- 北京 ：中国水利水电出版社，2020.3
ISBN 978-7-5170-8919-3

Ⅰ.①组… Ⅱ.①陈… ②李… Ⅲ.①调水工程—影响—汉水—水环境—生态环境—研究②气候变化—影响—汉水—水环境—生态环境—研究 Ⅳ.①X143

中国版本图书馆CIP数据核字(2020)第184273号

书　　名	组合调水工程和气候变化对汉江水环境生态的**影响研究** ZUHE DIAOSHUI GONGCHENG HE QIHOU BIANHUA DUI HAN JIANG SHUIHUANJING SHENGTAI DE YINGXIANG YANJIU
作　　者	陈攀　李剑平　著
出版发行	中国水利水电出版社 （北京市海淀区玉渊潭南路1号D座　100038） 网址：www.waterpub.com.cn E-mail：sales@waterpub.com.cn 电话：(010) 68367658（营销中心）
经　　售	北京科水图书销售中心（零售） 电话：(010) 88383994、63202643、68545874 全国各地新华书店和相关出版物销售网点
排　　版	中国水利水电出版社微机排版中心
印　　刷	清淞永业（天津）印刷有限公司
规　　格	170mm×240mm　16开本　8.75印张　172千字
版　　次	2020年3月第1版　2020年3月第1次印刷
定　　价	**48.00元**

凡购买我社图书，如有缺页、倒页、脱页的，本社营销中心负责调换

版权所有·侵权必究

前　言

为了改变水资源时空分布不均的状况，调水成为缓解缺水地区水资源危机的主要途径。南水北调中线工程、引汉济渭工程和鄂北调水工程（简称组合调水工程）的兴建满足了北方和湖北鄂北干旱区的饮用水和工农业生产需求，但同时必然会对水源区丹江口水库及其下游生态环境产生不利影响。尽管汉江中下游兴建了一系列补偿性工程措施，但其能在多大程度上消除该负面影响，还有待深入研究。未来丹江口水库下游河道的生态环境变化除了受上述水利工程的影响外，还将受到气候变化的作用，甄别气候变化和人类活动的影响也是研究中需要重点解决的难题。为了使调水活动能满足饮水、生态和水功能区的综合目标，从污染源分析、水利工程联合运行下丹江口水库库区及汉江中下游河道生态环境影响定量区分、气候变化及人类活动的影响识别和环境流量的设定方面开展研究。研究成果将为调水工程的实施和水源区生态环境保护提供保障，这凸显了本研究选题的科学意义和实用价值。

以长江水资源保护科学研究所委托项目"鄂北调水工程对汉江中下游水环境生态影响评价"（项目编号：201303）、水利部"948"项目"碳纤维在南水北调中线工程水源地碧水生态建设中的应用"（项目编号：201434）、水利部公益性行业科研专项"人类活动对长江口水资源供需关系的影响"（项目编号：1261220228046）、太原理工大学校青年基金项目"气候变化下调水及梯级开发对汉江生态环境的影响及环境流量过程反演研究"（项目编号：2015QN031）和山西省水文水资源勘测局委托项目"水土保持对小流域山洪形成影响研究"（项目编号：ZNGZ2015－036）为依托，进行了大量现场调研与资料收集工作，本书在归纳了这些项目中的部分成果的基础上，进一步采用数学统计及模型方法对组合调水工程对丹江口水库库区及汉江中下游河道生态环境进行了预测分析。

为了科学合理地开展调水活动，有必要就汉江水温水质对组合调水工程和气候变化的响应规律及环境流量过程反演开展研究工作。调水的关键在于水质，为保证调水的水质要求，开展了丹江口水库主要入库干支流的污染源分析。为保证调水后水源地库区及下游仍能满足水功能区和水生态需求，研究中构建了库区三维环境流体动力学模型和河道一维水温水质流体动力学模型，针对河道水温的模拟构建了一个基于平衡温度的解析解模型，设定了四种不同预测情景，其中情景一为参照情景，情景二仅考虑丹江口水库大坝加高工程影响，情景三同时考虑大坝加高工程和组合调水工程的作用，情景四则在情景三基础上，添加了下游河道的水利枢纽工程及引江济汉工程的影响，通过不同情景之间的比较，定量分析了与调水有关的不同水利工程对水源区及下游生态环境的影响。针对气候变化及水利工程的复合影响的问题，以水温为切入点，利用一个基于平衡温度的解析解模式进行了定量区分。为了更为合理地认识水利工程和气候变化对水质的影响，考虑了水温与水质变量的交互关系，提出水温-水质交互关系曲线，定量识别了水温改变引发的水质变化。在对大坝加高工程及组合调水工程带来的最为显著的生态环境影响进行识别的基础上，提出一个同时满足水功能区与水生态保护目标的环境流量过程求解方法。将求得的环境流量过程与设计下泄流量进行比较，提出了一些改进现有设计下泄流量过程的建议和措施。

本书的编写大纲由编写人员集体讨论确定，主要分为7章，其中第1章～第5章与第7章由太原理工大学陈攀编写，第6章由山西省文旅集团李剑平编写。全书由李剑平完成统稿工作。长江水利委员会为本书提供了大量翔实的数据和资料，在此深表感谢！感谢李兰、杨梦斐、索帮成、杜娟娟和孟洁等对书中模拟实验计算时的大力帮助和支持。对所有为本书审定、修改、出版付出辛勤劳动的同志致以衷心的感谢。

由于作者专业知识、学术水平和实践经验有限，不当之处在所难免，恳请读者给予指正。

作者

2020 年 3 月

目 录

第1章 概　述

为了改变水资源时空分布不均的状况，人们兴建了一系列的调水工程。据不完全统计，自 20 世纪 50 年代起，世界已建、在建和拟建的调水工程已达 160 多项，分布在 24 个国家。当前国外比较著名的调水工程有巴基斯坦的西水东调工程、美国的中央河谷工程、澳大利亚的雪山调水工程等（方妍，2005）。我国地域辽阔，但人均水资源贫乏且分布极不均匀，因此从古代就开始修建调水工程，著名的水利工程都江堰、郑国渠及京杭大运河等都具有调水功能。新中国成立后，我国又先后建成了南水北调工程、引滦入津、引黄济青等一大批调水工程。这些工程按照人类的意志在时间和空间上对水资源进行了重新分配，给人们的生产和生活带来巨大的经济效益及社会效益，促进了人类的生存和发展。但同时由于这些调水工程人为地改变了水源区原有的水文情势，打破了原有的生态平衡，有可能造成严重的、不可逆转的生态环境破坏，从而威胁到人类的生存和发展（马芳冰 等，2011；黄泽钧，2011；陈攀，2015；Feng et al.，2018）。另外，2015 年 4 月 16 日国务院印发《水污染防治行动计划》，计划指出，到 2030 年，力争全国水环境质量总体改善，水生态系统功能初步恢复。到 20 世纪中叶，生态环境质量全面改善，生态系统实现良性循环。因此开展水源区调水工程的生态环境影响研究具有重要的现实意义。

调水工程往往不是一项孤立的水利工程，以丹江口水库为例，其在调水前期开展了大坝加高工程；后期为了缓解调水对水源区的生态环境影响，还开展一些补偿性的工程措施。因此调水工程的生态环境影响研究，不应只分析调水工程本身的影响，应综合考虑调水工程及其配套工程的作用。近年来，调水工程开展得越来越频繁，在一些水源区往往会开展多个调水工程，从而构成一个组合调水工程。在全球气候急剧变化的背景下，水源区水资源系统及生态环境系统脆弱性进一步增强（陈攀 等，2011；唐剑锋 等，2014；Mosley et al.，2015；Greaver et al.，2016；夏军 等，2017；Ahmadi et al.，2019；景朝霞 等，2019；张强 等，2019）。如何科学地看待组合调水工程和气候变化对水源区生态环境的影响，充分发挥调水工程的巨大效益；如何合理地进行调水管理，将其对生态环境的不利影响降到最低，是我国生态环境建设中的重要课题。

水温是水库、河流水体的一个重要物理变量，其影响了大多数水质变量的变化，同时也对水生生物生长周期有重要的影响，甚至可以改变其物种组成（Albek et al.，2009；Hadzima - Nyarko et al.，2014；Yevenes et al.，2018）。由于河流水温往往同时受气温和水利工程的作用，因此可以用于定量识别气候变化与人类活动影响。组合调水工程的建设会改变水库水温结构，从而影响区域水质及水生态系统，因此以水温要素为切入点，在认识水温及水质之间交互关系的基础上，分析组合调水工程的生态环境影响，将拓展变化环境下组合调水工程生态环境影响研究的深度与广度。

此外为了科学合理地规划管理调水工程，减缓调水对生态环境的影响，有必要开展环境流量方面的研究（吴春华 等，2009；陈进 等，2009）。调水工程不仅仅改变区域水文情势，同时对水温和水质产生重要影响。水温条件和水质状况影响并决定了水体的生态功能以及能实现的水功能区目标。在满足水功能区和水生态综合目标的基础上，提出了环境流量构建方法，将对水功能区保护、生态环境管理、社会经济可持续发展具有重要的意义。

1.1　调水工程及气候变化对水温、水质及生态环境的影响

1980 年以后，随着人们对生态环境保护的关注，开始有大量报道提及调水工程建造和运行过程中对生态环境的不利影响。Meador et al.（1992）指出了调水工程可能会带来严重的生态问题，比如引进外来物种、改变水质、水文情势及动物的栖息地环境等。Nardini et al.（1997）则指出智利拉哈-帝吉伦（Laja - Diguillfn）运河的调水工程会使得比奥比奥（Biobio）河中干净的拉哈（Laja）河河水的注入量减少，从而导致水质变差，同时会给当地水生生物及动植物带来不利的影响。随后全世界广泛开展了大型调水工程的生态环境影响研究工作，如 Gibbins et al.（2001）用实测资料对比分析了调水工程对英国泰恩（Tyne）河和威尔郡（Wear）河的水文情势及生态的影响，提出通过合理选择调水流量的方法，减弱对两条河流的生态影响。Carron et al.（2001）利用一个耦合的非稳定流热传输模型分析了水库不同调水条件时下泄水温的变化及其对下游生态系统的影响。Reinfelds et al.（2006）利用 MOVE.1 模型模拟了调水对贝加（Bega）河的日流量以及水生生境的影响，并指出调水时需要注意满足下游用水需求。Hudak（2011）依据调水前后两个不同时期的水质数据，指出通过对调水工程的合理管理，可以提高美国康来狄克州供水水库的水质。Null et al.（2013）评价了变化环境下水库调度

运行对下游水温及生态环境的影响。Harvey et al.（2014）采用联合调水前后 4 年实测数据和个体模型模拟了调水对大马哈鱼种群的影响，指出当前的调水量对该鱼类种群影响还并不显著，同时指出这种个体模型模拟的方法可以用于预测未来调水工程对生态环境的影响。前面这些工作主要是采用了实测数据或者模型的方法模拟和预测了调水对水源区水文情势、水温、水质及水生生物的影响（Carron et al.，2001；Gibbins et al.，2001；Reinfelds et al.，2006；Hudak et al.，2011；Null et al.，2013；Harvey et al.，2014）。此外，为了进一步缓解或者消除调水带来的生态环境问题，在调水工程的建设和运行维护过程中，国外制定了一些相关的法律和法案，比如，美国的鱼类及野生动物法案、清洁水法案及安全应用水法案等（Davies et al.，1992；Morais et al.，2008）。

随着国内大型调水工程的大量兴建，调水所带来的生态环境影响也引起了研究者的广泛关注。早期主要开展的是对调水工程影响的一个定性评价工作，比如刘昌明（1996）就调水工程的生态平衡与环境影响问题，从地理水文学角度进行了分析，并提出了解决生态与环境问题的主要对策。汪达（1999）认为跨流域调水对生态环境、国计民生，乃至整个社会所造成的影响是一个多种学科的综合研究问题。为使调水工程能取得最大的经济效益，同时保护生态平衡和保证环境质量，必须对调水方案的可能性和现实性进行多方面的综合评价及论证，并作为以后工作的借鉴。赵敏等（2009）阐述国内外跨流域调水工程对生态环境影响的研究，介绍了目前通常采用的生态环境影响评价方法的特点，指出国内跨流域调水工程对生态环境的影响研究主要集中在定性影响因素分析的研究阶段。随后也有一些研究者采用模型的方法评价了调水工程对于区域生态环境的影响（谢能刚 等，2002；方芳 等，2003；南朝，2010；杨爱民 等，2011；Chen et al.，2016；Wang et al.，2016）。比如谢能刚等（2002）以申同嘴水库为例，深入探讨分析了调水对中小型水库冬季水温的影响及其带来的生态环境问题。方芳等（2003）采用一维水动力学模型和一维水质模型模拟预测了南水北调调水工程实施前后，汉江中下游水环境容量损失情况，模拟结果表明调水工程对汉江中下游各江段水环境容量均构成了较大的负面影响。南朝（2010）采用一维水质模型对引沁入汾工程调水前后汾河下游段的水质和水环境容量进行了模拟计算，进而评价调水对该区段的影响。研究结果表明，调水沿线各水库的水质能够满足供水需要，并提出在水利工程建设过程中，应充分考虑水资源在时空分布上的不均衡问题，采取科学、经济、合理的跨流域调水方案，尽量减少跨流域调水对生态环境的影响。杨爱民等（2011）以南水北调东线一期工程受水区的县市为计算单元，计算了调水为受水区带来的生态环境效益的价值。Chen et al.（2016）采用模型分析了调水工程对丹江口水库以及其下游河道水温结构变化的影响，并指出其在很大程度上改变了水库及下游水温结构，对下游水生态过程也会带来一定的影响。Wang et al.（2016）利用一个一维水量水质模型研究了跨流域调水工程以及梯级水库对汉江中下游水质水量的影响，并指出南水北调工程对研究区水质产生不利影响，引江济汉工程对水环境有着一定的补偿效果，梯级水电工程显著地改变了下游的流量。

综合分析国内外就调水工程对水温、水质及生态环境影响问题的研究，可以得出如下结论：①在研究主体上，现有的研究主要针对单个调水工程对水温、水质及生态环境的影响，对于组合调水工程的复合影响研究较少；②在研究对象上，主要还停留在对水文情势、水温、水质和生态系统影响的单一评价上，很少涉及指标之间的交互关系研究；③在研究的方法上，定性的影响因素分析研究较多，定量模拟预测较少。考虑到我国水资源分布极其不均匀，势必出现大量的组合调水工程，开展组合调水工程的生态环境影响研究，将为政府部门科学合理地进行调水工程管理提供一定的理论依据和实证参考。

近年来，气候变化对水质及生态系统的影响逐渐引起人们广泛的关注（Arnell et al.，2015；Xia et al.，2015；吕睿喆 等，2015；石代军，2017）。气候变化带来的生态环境影响主要体现在两个方面：一方面是改变水文因子，比如极端干旱事件逐渐增多，河流流量减少，水体中溶解有机污染物浓度增大；另一方面是引起气温的变化，而水温与气温关系紧密，水温增高溶解物质的浓度变大，水中污染物质的生物化学反应的速率也会发生改变，从而影响水质变化（Murdoch et al.，2000；Blenckner et al.，2007；Van et al.，2008）。当前该问题已成为一个研究热点，Murdoch et al.（2000）的研究表明北美气候变化（降雨与气温）对水质有着显著影响，暴雨、融雪及高温或者干旱时期水质有可能超过生态阈值，从而出现水质退化。Tibby et al.（2007）分析了澳大利亚维多利亚西部三个湖泊 15 年的水质监测数据，发现气候变化与这些湖泊的水质存在很强的关系。此外气候变化还会改变河流水生物种的动态分布（Eaton et al. 1996；Boisneau et al.，2008），最近的气候变暖急剧增强热应力，往往会限制鱼类种群的夏季栖息地（Headrick et al.，1993）。IPCC 第四次评价报告中就有考虑气候变化对水质的影响，Rehana et al.（2011）通过设定了一系列假定的气温及降水情景，分析了气候变化对印度 Tunga - Bhadra 河流水质的影响。Arnell et al.（2015）则分析了气候变化对英国水环境及其管理的影响。2008 年我国"气候变化对我国水安全影响及适应性对策研究"被列为水利行业重大研究专项，其中气候变化对水生态环境的影响研究是一个重要的课题（张建云 等，2009），赵慧颖等（2007）则分析了气候变化对呼伦湖湿地水环境的影响，并指出气候暖干化是造成水资源短缺和水环境恶化等问题的重要原因，于保慧（2015）采用 SWAT 模型定量分析了不同降雨及气温条件对大凌河水质的影响，张质明等（2017）则采用模型的方法从温度变化的角度分析了气候变暖背景下，未来北运河通州段水体溶解氧、CBOD、硝态氮和氨氮的迁移转换过程。

综上所述，当前人们已经越来越重视气候变化对水生态环境的影响研究，但是目前大多数研究还是单独考虑气候变化的水环境效应，较少有研究同时考虑气候变化及水利工程的综合作用。

1.2　环境流体动力学模型

环境流体动力学模型是对地表水体的动力学特性及水体中污染物随时空迁移转化规律的描述，按其空间分布特性，往往可分为一维模型、二维模型和三维模型。较早的环境流体动力学模型起源于 20 世纪 60 年代初，主要是为了解决美国水库和湖泊的富营养化问题而提出的一维模型（王雅慧，2012）；水温方面，Stefan et al.（1975）提出的 Stefan - Ford 模型。后来又逐渐开展了沿深度平均的平面二维以及沿宽度平均的立面二维环境流体动力学模型研究，比如，Sladkevich et al.（2000）等采用有限差分法构建了直角坐标系下的平面二维污染物的输运模型，对以色列海法（Haifa）湾的污染物浓度场以及温度场进行了模拟。Arega et al.（2004）则建立了一个平面二维水流及盐度模型，采用了显式的 TVD 有限体积法来求解该水流盐度方程。近年来随着计算机技术以及数值计算手段的发展，三维水动力学模型也逐渐被应用于水温和水质的模拟中，比如密西西比大学的 Chao et al.（2006）在 WASP 模型的水质变量迁移转化理论的基础上，建立了三维环境流体动力学模型，模型中考虑了浮游植物系统、氮循环、磷循环和溶解氧平衡系统，并且用该模型对浅牛扼湖的水质进行模拟，并取得较好的模拟效果。

国内在环境流体动力学模型方面也做了大量的研究工作，比如李锦秀等（2002）建立了三峡水库的一维水质模型，模型包含了 10 多个水质变量，采用了双扫描方法进行水动力和水质方程求解，模拟预测了三峡水库建成以后库区不同江段平均水质浓度变化。熊伟等（2005）采用一维、二维耦合的水温模型研究了三峡水库的水温分布情况。龚春生等（2006）则建立了浅水湖泊的平面二维水流、水质和底泥污染模型，利用该模型计算了玄武湖水质的动态变化过程。申满斌（2005）在三峡库区建立了考虑泥沙吸附污染物和泥沙冲淤对污染物输移扩散影响的三维浑水水质模型，模拟了涪陵磷肥厂的排污口附近总磷浓度分布。2007 年起，李兰等将 EFDC 模型用于国内水库水温的计算，对金沙江梯级水库、雅砻江梯级水库、二滩、漫湾、三峡、丹江口等开展了系列水温专题研究，并应用于工程设计与生态环境影响评估（李兰 等，2007；李兰，2009；李兰 等，2010）。

经过近些年的探索和研究，相继出现了一大批功能强大、通用性好、准确可靠的环境流体动力学模型软件，比如 EFDC 模型、WASP 模型、MIKE3 模型等（Moses et al.，2015；王思文 等，2015；Wang et al.，2018；刘晓 等，2018）。

EFDC 模型是 1992 年由美国弗吉尼亚海洋科学研究所 Hamrick 根据多个数学模型研发而成的（Hamrick et al.，1992；Jeong et al.，2010），最开始主要用于水动力学模拟，随着富营养化模块的加入，其逐渐被广泛地用于河流、湖泊、水库、湿地、河口及沿海地区的水环境模拟中。其在美国及众多欧洲国家都有广泛的应用实例，比如 Everglades 湿地的仿真模拟（Moustafa et al.，2000），韩国 Kwang – Yang 海湾的水环境模拟（Park et al.，2005），以及许多水库、湖泊的热流模拟。同样，该模型在我国也得到了广泛的应用，如江苏北部近岸区域潮流及水质模拟（Luo et al.，2009），北京稻香河叶绿素 a 以及藻华的模拟预测（Wu et al.，2011），下浒山水库的水温模拟（Yang et al.，2012），三峡库区的水质模拟（刘晓 等，2018）等，近年来，EFDC 模型已经被中国生态环境部环境评估中心选为验证水库水温计算的专用模型。

WASP 模型则是由美国环保局开发的水质模拟分析计算程序，依托 EU-TRO 和 TOXI 两个水质模块，WASP 能广泛模拟各种水质组分，如盐度、水温、细菌、磷化合物、氮化合物、溶解氧、生化需氧量、有机物以及用户自定义的物质。WASP 一个突出的优点就是可以非常方便地通过改变输入和输出文件从而与其他模型联合运行（唐迎洲 等，2007），因此在国内外同样得到了广泛的应用，比如 Ernst et al.（2009）将该模型应用于得克萨斯州一个大的水库的富营养化控制体系中，国内张荔等（2006）、刘兰岚等（2010）和王思文等（2015）则分别将该模型应用于渭河流域、辽河流域及松花江哈尔滨江段的水环境状况的模拟中。

MIKE3 是由丹麦国家水力学研究所开发的水环境管理的系列软件之一，可模拟具有自由表面的三维流动系统，具有对流弥散、富营养化、重金属、水质和沉积作用的过程模块，主要应用于港口、河流、湖泊、河口海岸和海洋水环境模拟。其在大流域、长时间的数值模拟方面有着独特的优势（马腾 等，2009），因此也得到了广泛的应用，比如湘潭电厂取排水口以及万家寨水库温度场模拟（刘畅 等，2004）、珠江口水体的交换研究（黄少彬 等，2013）。

1.3 河流水温模型

目前国内外采用的河流水温模拟的计算方法主要包括经验公式法和数学模型法（Tokuda et al.，2019）。经验公式法从实践经验中总结而来，计算简单，但精度较差，并且适用范围狭窄，这在很大程度上限制了它的使用（王涌涛 等，2007）。数学模型法又包括回归模型法、随机模型法及确定性模型法。回归模型包括简单的线性回归模型、多元回归模型以及曲线回归模型，简单线性回归模型仅仅以气温为输入资料，大多用于周或者月时间尺度的数据（Webb et al.，1997），因为在这个时间尺度上，水温的自相关性一般不存在，因此线性模型十分有效（Caissie，2006）。多元回归模型往往可以考虑更多影响水温的因素，比如流量、太阳辐射、河流水深等（Jeppesen et al.，1987；Jourdonnais et al.，1992）。在周时间尺度上，由于低温时期地下水对河流水温的增温影响和高温时期蒸发活动对河流水温的降温影响，水温和气温之间的关系并非线性的，而是呈现一个 S 形曲线的关系，此时采用曲线回归模型能较好地把握这个变化规律，该模式在许多美国河流得到证实（Stefan et al.，1993）。在日时间尺度上进行水温模拟时，随机模型和确定性模型都能取得较好的效果，相对而言，随机模型较为简单，其只需要水温作为模型的数据输入（Caissie et al.，1998），而确定性模型却需要所有的气象数据。

前面的水温模型往往在天然河道的水温模拟中较为适用，而在分析水库对下游河道水温影响时往往还需要使用确定性模型，因为它可以考虑不同热源对河流水温的影响（Caissie，2006）。确定性模型分为数值模型和简化模型两类，一般采用数值方法进行求解的确定性模型称为数值模型。数值模型由于模拟精度较高得到了广泛的应用，比如王颖等（2003）建立了一种河道水温预测模型，分析了大坝建成后河道水温随时空的变化以及对周围环境产生的不利影响。为了解决确定性模型计算的复杂性及普遍性的矛盾，常常对数学模型进行简化处理，由数学模型求得解析解，构成解析解模型（刘军英 等，2012）。解析解模型集成了确定性模型以及其他水温模型的优点，计算简单且精度高，因此得到了广泛的使用。

确定性模型的不同简化方式往往会得到不同的解析解形式，当前国内对模型简化时往往简化的是扩散项，关于水热交互界面热源项的简化处理较少

（刘少文，1991）。这样简化出来的解析解模式，还需要进行复杂的源项计算，因此也较复杂。Edinger et al.（1968）则提出了平衡温度的概念，即水体与大气界面热交换净速率等于零时的水温，认为热通量与水温和平衡温度的差成正比，由此得到基于平衡温度的计算模式。该方法将需要通过大量气象资料求解的热源项转换为平衡温度求解。该模式引入后，研究者们（Caissie et al.，2005；Marcé et al.，2008；Wright et al.，2009；Herb et al.，2011；Bustillo et al.，2014）发展了一系列的基于平衡温度的河道水温计算方法。而平衡温度与气温的相关关系一般较好，因此常常可以用气温的一个线性关系来表达（Caissie et al.，2005）。这样确定的解析解模式既可以考虑上游水库对下游河道水温的影响，同时又由于仅仅需要气温资料的输入，计算简便。

1.4　污染源分析

　　水质监测数据是开展区域污染源分析的基础，当前随着水质监测体系的不断完善，人们获取了大量的水质监测信息，但由于各个监测指标及监测点之间存在复杂的相互影响，导致这些监测信息并不能充分地被利用，也很难得出一些有意义的结论。有必要从这些水质数据集中挖掘出有用的信息，探索水质的时空分布模式，识别潜在污染源，进而提高人们对区域水环境的认识（Chen et al.，2015；Zhao et al.，2020）。

　　近年来，研究人员在分析这些复杂的水质数据时，开始尝试使用一些稳健的数学和多元统计技术，如模糊综合评价方法、聚类分析、判别分析、主成分分析、因子分析和主成分多元回归分析法进行水质时空变化分析，进而对污染源进行解析。例如，Lu et al.（1999）提出了一种用于模糊综合评价的通用方法，并以台湾翡翠水库为例进行分析，结果表明，该评价方法可观测水质的长期变化，并为决策者提供许多有价值的信息；Kazi et al.（2009）则使用聚类分析方法将巴基斯坦 Manchar Lake（曼查尔湖）的监测站点分为三个不同的类别，即站点 1 和站点 2、站点 4 以及站点 3 和站点 5，并指出每个类别中只需要一个站点的信息就可以反映整个区域的水质空间分布。Mustapha et al.（2013）利用判别方法研究了尼日利亚卡诺河上游地表水水质变化，认为 23 个水质变量中的 7 个变量是在空间变化上最为显著的水质指标。Lim et al.（2013）采用因子分析的方法，识别出马来西亚 Langat River（兰加特河）的潜在污染源，第 1 类别中总共提取出 4 个组分，其代表了 85% 的变化，第 2 组提取 6 个成分，代表了 88% 的变化，根据这些信息指出海水入侵、农业和工业污染以及地质风化作用是造成这两个类别河流污染的主要原因。Yang et al.（2013）应用主成分多元线性回归分析法定量分析了中国温瑞塘河流域各污染源的贡献，并指出 88.4% 的 $NH_4^+ - N$ 来自于城市生活污水污染和工业污染。

这些研究表明数学和多元统计技术可用于处理具有大量参数的大型水质数据集，从而更准确地获得水环境系统的多元特征（Mavukkandy et al.，2014），而方法的组合使用则可帮助充分利用每种方法的优势，从而全面了解水质的时空变化，进而辨识潜在污染来源。

1.5　气候变化与人类活动影响识别

气候变化和人类活动会改变天然的水循环过程，同时也会对河流水体生态环境系统产生一定的影响，定量区分两者的影响有助于加深人们对自身行为后果的认识，同时提高应对气候变化挑战的能力，因此该问题已成为当前水科学研究中的热点（Tomer et al.，2009；刘春蓁 等，2014；吕振豫 等，2017；Luo et al.，2019；Cakir et al.，2020）。例如，国外 Franczyk et al.（2009）依据 2040 年不同经济、人口等发展速度下的气候变化和土地覆盖情景，采用半分布水文模型 AVSWAT 分析了气候变化和不同土地覆盖变化对平均年径流深的影响。LaFontaine et al.（2015）指出气候变化及人类活动的共同作用将会在水资源可利用量及水生生物方面给未来社会发展与生态环境保护带来挑战，并利用一个降雨径流模型识别了两者的影响。国内许炯心等（2007）以 1956—1980 年为人类活动较弱的"基准期"，而以 1981—2000 年为人类活动较强的"措施期"，用多元回归方法将人类活动和降水变化对嘉陵江流域年径流量的影响定量区分开来。邓晓宇等（2015）以 1960—1970 年为基准期，利用流域水文模拟程序 HSPF 定量分析 1971—1980 年、1981—1990 年、1991—2000 年、2001—2005 年 4 个时段内抚河流域气候变化和人类活动影响的大小，并指出气候变化影响在 20 世纪 80 年代和 20 世纪 90 年代处于较高水平，人类活动的影响则在 20 世纪 80 年代以后明显增大。

目前的水科学研究中一般是从水量的角度区分气候变化和人类活动的影响，其中气候变化主要考虑的是降雨的影响。但是就水生态环境影响角度而言，还应考虑气温的作用，因为其会通过水温影响河流生态系统，当前这一方面的研究还较少。从方法的角度来看，当前的研究多采用的是模型方法，通过不同时期的情景比较来确定各自的贡献率，这可为气候变化与水利工程对水生态环境影响的定量识别提供一定的借鉴。

1.6　环境流量

　　国外很早就有研究提及调水对于水文情势改变的影响，比如 Meador（1992）和 Davies et al.（1992）均指出了调水工程可能改变下游河道的水文情势，因此有必要在调水工程的规划与评价时考虑这一影响。此外大多关注调水工程对生态影响的研究中均有提及环境流量的概念，比如 Olden et al.（2010）的研究中指出在河流调水管理中要考虑环境流量，以保护河道生态系统的完整性。

　　当前，世界上关于环境流量的计算方法可分为四类：水文学法、水力分级法、生境模拟法和整体分析法（桑连海 等，2006）。水文学法以长系列的历史监测数据为研究基础，采用固定流量百分数的形式给出环境流量推荐值，从而得到维持河流不同生态环境功能的最小环境流量，常见的有Tennant 法（Tennat，1976）、Texas 法（Matthews et al.，1991）、RVA 法（吴玲玲 等，2007）等。利用水力学模型进行环境用水模拟计算的方法称为水力分级法，其中比较常用的方法是湿周法（吉利娜 等，2010）和R2CROSS 法（王蛟龙 等，2007）。生境模拟法则通过建立生物生态、栖息地类型、环境质量与流速之间的输入响应关系进行环境用水的估算，如美国的 IFIM 法（Stalnaker et al.，1994）。上述三种方法各有优缺点：水文学法简单、方便，但准确性较差，考虑因素单一；水力分级法虽然考虑了水力学因素，但所需参数需要实测，不易操作；生境模拟法则是将重点放在对一些河流生物物种的保护上，比如考虑了保证鱼类的洄游、产卵和养殖所需用水，而没有考虑水环境和整个河流生态系统，由此推荐的流量范围值并不符合整个河流的管理要求。上述满足生态需求的"环境流量"的讨论一直主要集中在水量方面，而没有明确考虑水质组分，如水温、营养物、有机物、沉积物等（Poff et al.，2010）。因此，基于河流完整生态系统理论的整体分析法应运而生。该类方法的基本原理是：在逐月（或逐日）流量和生态系统逐组分的分析基础上，采用筛选法来构建河流修正流态，建立组分与流态（包括生态、地形、水质、社会和其他特征因素）的对应关系。代表性方法有 BBM 法（Hughes et al.，2001）及 FSR 法（O'Keeffe et al.，2002）等。

　　目前，我国环境流量计算方程采用最多的还是水文学法，如 Tennant 法及 7Q10 法等。其指标多以月、季或者年作为推荐值，没有体现年际年内变化过程；另外考虑的组成要素也较为单一，很少考虑水温及水质等其他组分的影响。为缓解调水工程带来的生态环境影响，往往需要确定的环境流量过程也应该能满足多目标需求，因此需要加强这方面的研究工作（Yarnell et al.，2020）。

1.7　偏微分方程反问题数学模型

偏微分方程反问题是数学领域一大科学分支，知道其解域的部分信息去反求参数、边界、源汇项都属于反问题的研究对象。20世纪60年代前，人们对正问题研究出各种不同的求解方法，但对有重要应用而严重不适定的反问题则认为解不存在，因此相关研究甚少。20世纪60年代末，由于大量地质勘探只能获得部分解域信息，工程需要了解整个地质分布数据，而率先发展了偏微分方程反问题和相关方法。例如苏联科学家 Tikhonov et al.（1977）为求解不适定问题奠定了理论基础，发展了求解病态矩阵的正则化算法。Xie et al.（1985）为求解波动方程反问题发展了脉冲谱-优化法（PST），该法基于变分原理为将偏微分方程反问题转化为泛函优化问题提供了一种简便方法，同时采用迭代方法求解非线性问题。

近年来，水污染控制反问题逐渐引起了国内外学者的广泛关注（Long et al.，2020）。当前在求解该反问题过程中，一般都是首先利用分离变量法求解正问题，得到正问题的解以便计算求解反问题时的附加条件，然后根据附加条件将其转化为优化问题，最后利用优化算法求解。例如金忠青等（1991，1992）给出的水质对流扩散方程源项控制反问题模型是采用脉冲谱法、格林函数转化为泛函后再优化求解，Liu et al.（2013）采用遗传算法优化求解 BOD-DO 参数反问题模型。这种做法往往存在着求出极值不唯一以及"维数灾"的问题。另外，一些学者还发展了基于随机理论的统计反演方法，例如 Bayesian方法（朱嵩 等，2007）、GLUE 方法（Ratto et al.，2001）及 MCMC 方法（曹小群 等，2010），在一定程度上避免了由于"最优"参数失真而带来的决策风险，但由于参数的产生是随机的，当参数较多时，计算量随参数的增多呈指数增长。

正则化方法是目前求解数学物理反问题最具普适性、在理论上最完备而且行之有效的方法。李兰等（1994）、李兰（1995，1998）、李兰等（1996）成功地将该方法应用到水污染控制反问题的求解中，构造了一维、二维水质对流扩散分布参数反问题模型和正则化反演近似求解算法，将以往的泛函求优问题化为一个正则解近似解问题，并从理论上证明了该反问题模型解的存在性、唯一性和稳定性。之后，李兰（1999）还提出水环境逆动态逆边界混合控制精确算法和水污染总量逆控制的基函数算法。针对解析解算法，又进一步提出导数-正则法求解 $BOD_5 - DO$ 对流扩散方程反问题模型（李兰 等，2000）。正则化方法为水污染控制反问题的求解提供了一个新思路。

　　水污染控制反问题与数学物理反问题关系密切，数学物理反问题研究经过近半个世纪的发展，其求解方法已得到了很大的发展，其中有些方法已经相对比较成熟，如脉冲谱技术、摄动法、非线性优化法以及近年来发展起来的正则化方法等。如何结合数学物理反问题研究的最新成果，寻求具有高效率、高性能、高稳定、高通用性的水污染控制反问题求解方法是今后重点研究的课题之一。为了求解水库下泄的环境流量过程，需要根据水功能区的保护目标要求，求解每一分段的流量过程，因此将其当成一个参数反问题进行求解。求解过程采用了脉冲谱＋格林函数＋Fredholm 积分方程＋正则解法的求解思路，这为水污染控制反问题的求解提供了一种新的方法。

第 2 章　环境流体动力学模型研究

为了分析组合调水工程对于库区及下游的生态环境影响，必须对其流场、水温、水质的时空变化规律做深入研究。本书中采用了三维环境流体动力学模型对水库的流场、温度场及水质场进行计算，利用了河道一维水温水质流体动力学模型进行了河道流场、水温及水质的计算，其中水温的计算采用基于平衡温度的解析解模式，其特点是可以考虑上游水库对下游河道水温的影响，同时仅需要输入气温资料，计算简便。下面将对所采用的模型的求解过程和定解条件进行全面的介绍。

2.1　水库三维环境流体动力学模型

采用了环境流体动力学模型（environmental fluid dynamics code，EFDC）对水库的水流、水温及水质进行计算，该模型具有通用性好、数值计算能力强、计算方法可靠、省时和数据输出应用范围广等特点，尤其水动力模块的模拟精度已达到相当高的水平。下面对模型采用的适体坐标系统、控制方程组、定解条件、求解方法以及含大型分支水库的数值处理进行介绍。

2.1.1　适体坐标系统

在三维水环境模拟计算中，为了更好地拟合水域的边界，使得边界流场更符合实际情况，通常会采用适体坐标系统。在垂向上的离散通常进行 σ 坐标变化，其能有效捕捉自由表面，是一种贴体坐标系。当河床起伏较大时，垂向上等间距分层会带来较大的计算误差，而 σ 坐标变化能较好地解决该问题。其变换公式如下：

$$z = \frac{z^* + h}{\zeta + h} \tag{2.1}$$

式中：z 为 σ 坐标系下垂向坐标；z^* 为原始坐标系下的纵坐标；h 为河床高程；ζ 为自由水面在原始坐标系下的纵坐标。

通过该变换，从数值方法上讲，其离散求解更加容易，不易发散。

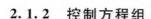

2.1.2　控制方程组

1. 水动力学模块控制方程

水动力学方程是基于三维不可压缩的、变密度紊流边界层方程组，为了便于处理由密度差而引起的浮升力项，常常采用 Boussinesq 假设。这一假设由三部分组成（Gray et al., 1976）：①流体中的黏性耗散忽略不计；②除密度外其他物理特性为常数；③仅考虑动量方程中与体积力有关的项中的密度，其余各项中的密度均作为常数。在水平方向上采用曲线正交坐标变换，在垂向上采用 σ 坐标变换，经过这两种变换后的动量方程为

$$\partial_t(mHu) + \partial_x(m_yHu^2) + \partial_y(m_xHvu) + \partial_z(mwu) - (mf + v\partial_xm_y - u\partial_ym_x)Hv$$
$$= -m_yH\partial_x(g\zeta + p) - m_y(\partial_xh - z\partial_xH)\partial_zp + \partial_z(mH^{-1}A_v\partial_zu) + Q_u \qquad (2.2)$$

$$\partial_t(mHv) + \partial_x(m_yHuv) + \partial_y(m_xHv^2) + \partial_z(mwv) + (mf + v\partial_xm_y - u\partial_ym_x)Hu$$
$$= -m_xH\partial_y(g\zeta + p) - m_x(\partial_yh - z\partial_yH)\partial_zp + \partial_z(mH^{-1}A_v\partial_zv) + Q_v \qquad (2.3)$$

$$\partial_zp = -gH(\rho - \rho_0)\rho_0^{-1} = -gHb \qquad (2.4)$$

式（2.2）～式（2.4）中：u、v 分别为曲线正交坐标 x 和 y 方向上的水平速度分量；w 为垂向速度；m_x、m_y 为坐标变换因子，$m = m_xm_y$；H 为总水深，$H = h + \zeta$；z 为 σ 坐标转化后的水位；f 为科氏力系数；A_v 为垂向紊动黏性系数；Q_u、Q_v 分别为 x 和 y 方向上的动量源汇项；p 为压力；ρ 为密度；ρ_0 为参照密度；g 为重力加速度；b 为浮力。

连续方程为

$$\partial_t(m\zeta) + \partial_x(m_yHu) + \partial_y(m_xHv) + \partial_z(mw) = 0 \qquad (2.5)$$

$$\partial_t(m\zeta) + \partial_x\left(m_yH\int_0^1 u\mathrm{d}z\right) + \partial_y\left(m_xH\int_0^1 v\mathrm{d}z\right) = 0 \qquad (2.6)$$

$$\rho = \rho(p, S, T) \qquad (2.7)$$

式（2.5）～式（2.7）中：S 为盐度；T 为温度。

物质和水温输移方程为

$$\partial_t(mHS) + \partial_x(m_yHuS) + \partial_y(m_xHvS) + \partial_z(mwS) = \partial_z(mH^{-1}A_b\partial_zS) + Q_S \qquad (2.8)$$

式中：A_b 为扩散系数；Q_S 为盐度或温度的源汇项。

经过 σ 坐标变换后，沿垂向 z 的速度 w 与坐标变换前的垂向速度 w^* 的关系为

$$w = w^* - z(\partial_t\zeta + um_x^{-1}\partial_x\zeta + vm_y^{-1}\partial_y\zeta) + (1 - z)(um_x^{-1}\partial_xh + vm_y^{-1}\partial_yh) \qquad (2.9)$$

采用二阶矩紊流封闭方程计算 A_v 和 A_b（Mellor et al.，1982；Galperin et al.，1988），该方法无需满足用湍流动力黏度计算湍流应力时各向同性的假设，考虑了旋转流动及流动方向表面曲率变化的影响，以及紊流能量的水平和垂直输送过程。A_v 和 A_b 计算公式如下：

$$A_v = \phi_v q l = 0.4 \, (1+36R_q)^{-1} \, (1+6R_q)^{-1} \, (1+8R_q)q l \tag{2.10}$$

$$A_b = \phi_b q l = 0.5 \, (1+36R_q)^{-1} q l \tag{2.11}$$

$$R_q = \frac{gH\partial_z b}{q^2} \frac{l^2}{H^2} \tag{2.12}$$

式中：q^2 为紊动强度；l 为紊动长度；R_q 为 Richardson 数；ϕ_v、ϕ_b 为稳定函数，用以分别确定稳定和非稳定垂向密度分层时水体的垂直混合或输运增减。

其中，q^2 和 $q^2 l$ 可以用以下方程组求解：

$$\partial_t(mHq^2) + \partial_x(m_yHuq^2) + \partial_y(m_xHvq^2) + \partial_z(mwq^2) = \partial_z(mH^{-1}A_q\partial_zq^2)$$
$$+ Q_q + 2mH^{-1}A_v[(\partial_zu)^2 + (\partial_zv)^2] + 2mgA_b\partial_zb - 2mH(B_1l)^{-1}q^3 \tag{2.13}$$

$$\partial_t(mHq^2l) + \partial_x(m_yHuq^2l) + \partial_y(m_xHvq^2l) + \partial_z(mwq^2l) = \partial_z(mH^{-1}A_q\partial_zq^2l)$$
$$+ Q_l + mH^{-1}E_1lA_v[(\partial_zu)^2 + (\partial_zv)^2] + mgE_1E_3lA_b\partial_zb - mHB_1^{-1}q^3[1 + E_2(kL)^{-2}l^2] \tag{2.14}$$

式（2.13）～式（2.14）中：B_1、E_1、E_2 和 E_3 均为经验常数；Q_q、Q_l 为附加的源汇项；A_q 为垂直扩散系数，一般取值与垂向紊动黏性系数 A_v 相同。

$$l^{-1} = H^{-1}[z^{-1} + (1-z)^{-1}] \tag{2.15}$$

式（2.2）～式（2.9）和封闭模型式（2.10）～式（2.15），结合适当的初边界条件给出了一个求解变量 u、v、w 和 T 的封闭系统。

2. 水温与水质模块的控制方程

EFDC 的水温与水质模块主要基于物质守恒（质量守恒方程），在正交曲线坐标下，质量平衡方程对于水温与水质的计算可以用下式表达：

$$\frac{\partial}{\partial t}(m_xm_yHC) + \frac{\partial}{\partial x}(m_yHuC) + \frac{\partial}{\partial y}(m_xHvC) + \frac{\partial}{\partial z}(m_xm_ywC)$$

$$= \frac{\partial}{\partial x}\left(\frac{m_yHA_x}{m_x}\frac{\partial C}{\partial x}\right) + \frac{\partial}{\partial y}\left(\frac{m_xHA_y}{m_y}\frac{\partial C}{\partial y}\right) + \frac{\partial}{\partial z}\left(m_xm_y\frac{A_z}{H}\frac{\partial C}{\partial z}\right) + m_xm_yHS_C \tag{2.16}$$

式中：C 为水温或水质变量；u、v 和 w 为 σ 坐标系统下 x、y 和 z 方向的流速；A_x、A_y 和 A_z 为 x、y 和 z 方向的紊流扩散系数；S_C 为源汇项；H 为水深；m_x、m_y 为 x、y 方向上的比例因子。

式（2.16）左边第一项为本地加速项，后面的三项为平流传输过程；右边前面三项为扩散传输过程，最后一项代表源汇项。

3. 水库与大气热交换和热通量计算模型

水温源汇项的计算采用美国国家海洋和大气管理局地球物理流体动力学实验室（NOAA - GFDL）的热通量计算公式（Rosati et al.，1988）。

（1）辐射热通量。水表面的辐射热能量可用下式表示：

$$\Phi = \Phi_I - (\Phi_B + \Phi_c + L\Phi_e) \tag{2.17}$$

式中：Φ 为辐射净热通量；Φ_I 为水面吸收的太阳短波辐射；Φ_B 为长波净辐射；Φ_c 为对流热通量；L 为潜热蒸发常量；Φ_e 为蒸发热通量。

太阳短波辐射和太阳净长波辐射可以分别用式（2.18）和式（2.19）表示：

$$\Phi_I = I\{[Fe^{SF \cdot H(z-1)} + (1-F)e^{SS \cdot H(z-1)}]\} \tag{2.18}$$

$$\Phi_B = \varepsilon\sigma T_s^4 (0.39 - 0.05e_a^{0.5})(1 - B_c C_c) + 4\varepsilon\sigma T_s^3 (T_s - T_a) \tag{2.19}$$

式中：I 为入射的太阳短波辐射，W/m^2；F 为太阳短波辐射中快速波所占的比例（$0 < F < 1$）；SF、SS 分别为太阳短波辐射在水体中的快速消减系数和慢速消减系数；H 为水深，m；z 为 σ 坐标系统下累积水深，河底处，$z=0$，自由水面处，$z=1$；ε 为辐射率（0.97）；σ 为斯蒂芬 - 波耳兹曼常数 $[5.67 \times 10^{-8} J/(m^2 s K^4)]$；$T_s$、$T_a$ 分别为水温和气温，℃；e_a 为大气水汽压，mb；B_c 为经验常数（一般取 0.8）；C_c 为云度。

（2）蒸发热通量和对流热通量。

$$\Phi_e = \rho_a c_e \sqrt{U_w^2 + V_w^2}(e_{ss} - R_h e_{sa})(0.622 p_a^{-1}) \tag{2.20}$$

$$\Phi_c = \rho_a c_p c_h \sqrt{U_w^2 + V_w^2}(T_s - T_a) \tag{2.21}$$

式中：ρ_a 为空气密度（1.2×10^{-3} g/cm^3）；c_e、c_h 分别为无量纲蒸发和对流热传输系数；U_w、V_w 为水面 10m 处的风速；e_{ss}、e_{sa} 分别为由水面温度计算的饱和水汽压和由大气温度计算的饱和水汽压，mb；R_h 为相对湿度；p_a 为大气压，mb；c_p 为空气比热 $[1.005 \times 10^3 J/(kg\ K)]$。

4. 水质模块中状态变量的计算模式

水质模块中包含有 21 个状态变量，各个状态变量之间的相互关系如图 2.1 所示。由此可以得到各个状态变量的计算模式。下面对其中主要的 6 个水质变量组的计算方法进行介绍。

（1）藻类。模型中主要考虑了蓝藻（cyanobacteria）、硅藻（diatoms）、绿藻（greens）和大型藻类（macroalgae）。其中蓝藻可以固定大气中的氮气；硅藻含量受到水中硅浓度的限制；绿藻指不属于上述两种的浮游生物；而大型藻类主要为固着在底床的水生植物。藻类从水体中吸收溶解性营养物质而生长，其新陈代谢作用往往控制着天然水体中的氮磷浓度。

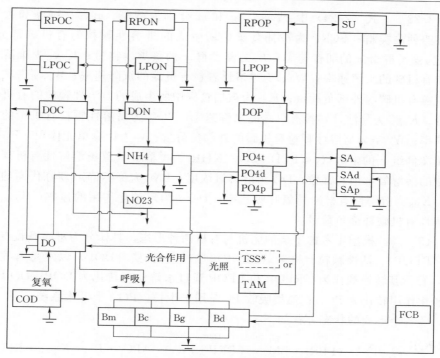

图 2.1 水质模块状态变量转化关系

（2）有机碳。模型中有机碳共分为三种类型，分别是难溶颗粒有机碳（RPOC）、活性颗粒有机碳（LPOC）以及溶解有机碳（DOC）。其相互转化关系为：由于藻类的捕食活动及排泄作用生成 RPOC、LPOC、DOC；RPOC 和 LPOC 通过水解作用可以转化为 DOC；而 DOC 通过异养呼吸作用和脱硝作用脱离系统。

有机碳各形式的状态方程如下：

$$\frac{\partial \mathrm{RPOC}}{\partial t} = \sum_{x=c,d,g,m} (\mathrm{FCRP} \cdot \mathrm{PR}_x \cdot B_x - K_{\mathrm{RPOC}} \cdot \mathrm{RPOC}) + \frac{\partial}{\partial z} (\mathrm{WS}_{RP} \cdot \mathrm{RPOC}) - \frac{W_{\mathrm{RPOC}}}{V}$$

$$(2.22)$$

$$\frac{\partial \mathrm{LPOC}}{\partial t} = \sum_{x=c,d,g,m} (\mathrm{FCLP} \cdot \mathrm{PR}_x \cdot B_x - K_{\mathrm{LPOC}} \cdot \mathrm{LPOC}) + \frac{\partial}{\partial z} (\mathrm{WS}_{LP} \cdot \mathrm{LPOC}) - \frac{W_{\mathrm{LPOC}}}{V}$$

$$(2.23)$$

$$\frac{\partial \mathrm{DOC}}{\partial t} = \sum_{x=c,d,g,m} \left[\mathrm{FCD}_x + (1 - \mathrm{FCD}_x) \frac{\mathrm{KHR}_x}{\mathrm{KHR}_x + \mathrm{DO}} \right] \cdot \mathrm{BM}_x \cdot B_x$$
$$+ \sum_{x=c,d,g,m} \mathrm{FCRP} \cdot \mathrm{PR}_x \cdot B_x + K_{\mathrm{RPOC}} \cdot \mathrm{RPOC} + K_{\mathrm{LPOC}} \cdot \mathrm{LPOC}$$
$$- K_{\mathrm{HR}} \cdot \mathrm{DOC} - \mathrm{Denit} \cdot \mathrm{DOC} + \frac{W_{\mathrm{DOC}}}{V}$$

$$(2.24)$$

式（2.22）～式（2.24）中：c、d、g 和 m 分别为蓝藻、硅藻、绿藻和大型藻类四种藻类群；FCRP 为被捕食碳中所生成的难溶性颗粒的有机碳部分；PR_x 为藻类群组 x 的捕食速率；B_x 为藻类群 x 的藻类生物量；K_{RPOC} 为难溶性颗粒有机碳的水解速率；WS_{RP} 为难溶性颗粒有机碳的沉降速率；W_{RPOC} 为难溶性颗粒有机碳的外部负荷量；F_{CLP} 为被捕食碳中所生成的易溶性颗粒的有机碳部分；K_{LPOC} 为易溶性颗粒有机碳的水解速率；WS_{LP} 为易溶性颗粒有机碳的沉降速率；W_{LPOC} 为易溶性颗粒有机碳的外部负荷量；V 为计算单元体积；FCD_x 为藻类群组 x 的常数（$0 < FCD_x < 1$）；KHR 为类群 x 的藻类溶解性有机碳排泄物的溶解氧半饱和常数；DO 为溶解氧浓度；BM_x 为藻类群 x 新陈代谢的速率；K_{HR} 为溶解性有机碳异氧呼吸速率；Denit 为反硝化作用的速率；W_{DOC} 为溶解性有机碳外部负荷量。

（3）磷。模型中考虑了磷的无机与有机两种形态，具体分为难溶颗粒有机磷（RPOP）、活性颗粒有机磷（LPOP）、溶解有机磷（DOP）以及总磷酸盐（PO_4t）。其转换规律为：RPOP 和 LPOP 通过水解作用转化为 DOP；DOP 通过矿化作用转化为 PO_4t；藻类吸收 PO_4t 用于生长，PO_4t 离开水系统。

磷各个形式的状态方程如下：

$$\frac{\partial RPOR}{\partial t} = \sum_{x=c,d,g,m} (FPR_x \cdot BM_x + FPRP \cdot PR_x) \cdot APC_x \cdot B_x - K_{RPOP} \cdot RPOP$$
$$+ \frac{\partial}{\partial z}(WS_{RP} \cdot RPOP) + \frac{W_{RPOP}}{V} \tag{2.25}$$

$$\frac{\partial LPOP}{\partial t} = \sum_{x=c,d,g,m} (FPL_x \cdot BM_x + FPLP \cdot PR_x) \cdot APC_x \cdot B_x - K_{LPOP} \cdot LPOP$$
$$+ \frac{\partial}{\partial z}(WS_{LP} \cdot LPOP) + \frac{W_{LPOP}}{V} \tag{2.26}$$

$$\frac{\partial DOP}{\partial t} = \sum_{x=c,d,g,m} (FPD_x \cdot BM_x + FPDP \cdot PR_x) \cdot APC_x \cdot B_x + K_{RPOP} \cdot RPOP$$
$$+ K_{LPOP} \cdot LPOP - K_{DOP} \cdot DOP + \frac{W_{DOP}}{V} \tag{2.27}$$

$$\frac{\partial PO_4t}{\partial t} = \sum_{x=c,d,g,m} (FPI_x \cdot BM_x + FPIP \cdot PR_x - P_x) \cdot APC_x \cdot B_x + K_{DOP} \cdot DOP$$
$$+ \frac{\partial}{\partial z}(WS_{TSS} \cdot PO_4p) + \frac{BF_{PO_4d}}{\Delta z} + \frac{W_{PO_4t}}{V} \tag{2.28}$$

式（2.25）～式（2.28）中：FPR_x 为新陈代谢的磷转变为难溶颗粒有机磷的部分；FPRP 是被捕食磷中所转换为难溶性颗粒有机磷部分；APC_x 为藻类群 x 磷对碳的比例；K_{RPOP} 为难溶性颗粒有机磷的水解速率；W_{RPOP} 为难溶性颗粒

有机磷外部负荷量；FPL_x 为藻类群 x 新陈代谢的磷中生成的活性颗粒有机磷组分；FPLP 为被捕食磷中易溶性颗粒有机磷部分；K_{LPOP} 为易溶性颗粒有机磷水解速率；W_{LPOP} 为易溶性颗粒有机磷的外部负荷量；FPD_x 为藻类群 x 新陈代谢的磷中生成的溶解性有机磷组分；FPDP 为被捕食的磷中转换为溶解性有机磷部分；K_{DOP} 为溶解性有机磷的矿化速率；W_{DOP} 为溶解性有机磷的外部负荷；FPI_x 为藻类群 x 代谢的磷中无机磷部分；FPIP 为被捕食的磷中生成的无机磷部分；P_x 为藻类群 x 的藻类生长量；WS_{TSS} 为悬浮泥沙沉降速率；$PO_4\,p$ 为颗粒磷酸盐；$BF_{PO_4\,d}$ 为泥沙与水体磷酸盐交换通量；$W_{PO_4\,t}$ 为总磷酸盐的外部负荷量。

（4）氮。氮在水系统中有多种存在形式，模型中主要考虑了难溶性颗粒有机氮（RPON），活性颗粒有机氮（LPON）、溶解性有机氮（DON）、氨氮（NH_4）及硝酸盐（NO_3）。其相互转化规律包括：RPON 和 LPON 水解转化为 DON；DON 矿化转化为 NH_4；NH_4 硝化成为 NO_3；NH_4 和 NO_3 用于藻类生长，离开水系统；NO_3 通过反硝化作用离开水系统。

氮各种形式的状态方程如下：

$$\frac{\partial RPON}{\partial t} = \sum_{x=c,d,g,m} (FNR_x \cdot BM_x + FNRP \cdot PR_x) \cdot ANC_x \cdot B_x - K_{RPON} \cdot RPON$$

$$+ \frac{\partial}{\partial z}(WS_{RP} \cdot RPON) + \frac{W_{RPON}}{V} \tag{2.29}$$

$$\frac{\partial LPON}{\partial t} = \sum_{x=c,d,g,m} (FNL_x \cdot BM_x + FNLP \cdot PR_x) \cdot ANC_x \cdot B_x - K_{LPON} \cdot LPON$$

$$+ \frac{\partial}{\partial z}(WS_{LP} \cdot LPON) + \frac{W_{LPON}}{V} \tag{2.30}$$

$$\frac{\partial DON}{\partial t} = \sum_{x=c,d,g,m} (FND_x \cdot BM_x + FNDP \cdot PR_x) \cdot ANC_x \cdot B_x + K_{RPON} \cdot RPON$$

$$+ K_{LPON} \cdot LPON - K_{DON} \cdot DON + \frac{W_{DON}}{V} \tag{2.31}$$

$$\frac{\partial NH_4}{\partial t} = \sum_{x=c,d,g,m} (FNI_x \cdot BM_x + FNIP \cdot PR_x - PN_x \cdot P_x) \cdot ANC_x \cdot B_x$$

$$+ K_{DON} \cdot DON - Nit \cdot NH_4 - \frac{BF_{NH_4}}{\Delta z} + \frac{W_{NH_4}}{V} \tag{2.32}$$

$$\frac{\partial NO_3}{\partial t} = - \sum_{x=c,d,g,m} (1-PN_x)P_x \cdot ANC_x \cdot B_x + Nit \cdot NH_4 - ANDC \cdot Denit \cdot DOC$$

$$+ \frac{BF_{NO_3}}{\Delta z} + \frac{W_{NO_3}}{V} \tag{2.33}$$

式（2.29）～式（2.33）中：FNR_x 为藻类群 x 新陈代谢的氮中难溶颗粒有机氮的组分；FNRP 为被捕食氮中生成的难溶性颗粒有机氮组分；K_{RPON} 为难溶性颗粒有机氮的水解速率；ANC_x 为藻类群 x 氮对碳的比例；W_{RPON} 为难溶性颗粒有机氮外部负荷量；FNLP 为被捕食氮中所产生的易溶性颗粒有机氮部分；K_{LPON} 为易溶性颗粒有机氮的水解速率；W_{LPON} 为易溶性颗粒有机氮的外部负荷量；FND_x 为藻类群 x 新陈代谢的氮中形成的溶解性有机氮组分；FNDP 为被捕食的氮中所生成的溶解性有机氮组分；K_{DON} 为溶解性有机氮的矿化速率；W_{DON} 为溶解性有机氮的外部负荷；FNI_x 为藻类群 x 新陈代谢的氮中产生的无机氮组分；FNIP 表示被捕食的氮中所产生的溶解性有机氮组分；PN_x 为藻类群 x 的铵吸收的偏好；Nit 为硝化速率；BF_{NH_4} 为沉积物与水的铵交换通量；W_{NH_4} 为铵的外部负荷；ANDC 为每氧化单位质量的溶解性有机碳所减少硝酸盐氮的质量；BF_{NO_3} 为沉积物与水硝酸盐交换的通量；W_{NO_3} 为硝酸盐的外部负荷量。

（5）溶解氧。模型中把溶解氧（DO）的源项归结于光合作用、复氧以及外部荷载，而汇项包括有机物氧化作用、呼吸作用、硝化作用、化学需氧量和底泥需氧量。

溶解氧的状态方程如下：

$$\frac{\partial DO}{\partial t} = \sum_{x=c,d,g,m} \left[(1.3 - 0.3 \cdot PN_x)P_x - (1 - FCD_x)\frac{DO}{KHR_x + DO}BM_x \right] \cdot AOCR \cdot B_x$$

$$- AONT \cdot Nit \cdot NH_4 - AOCR \cdot K_{HR} \cdot DOC - \frac{DO}{KH_{COD} + DO} \cdot K_{COD} \cdot COD$$

$$+ K_r(DO_s - DO) + \frac{SOD}{\Delta z} + \frac{W_{DO}}{V} \tag{2.34}$$

式中：AOCR 为呼吸作用中溶解氧与碳的比例；AONT 为单位质量铵离子硝化所需消耗的溶解氧；K_{COD} 为 COD 的氧化速率；K_r 为复氧系数；DO_s 为溶解氧的饱和浓度；SOD 为底泥的需氧量；W_{DO} 为溶解氧外负荷。

（6）COD。COD 是指由于化学反应所引起的溶解氧减少，常被用于衡量水体中有机污染物的水平，其状态方程如下：

$$\frac{\partial COD}{\partial t} = -\frac{DO}{KH_{COD} + DO}K_{COD} \cdot COD + \frac{BF_{COD}}{\Delta z} + \frac{W_{COD}}{V} \tag{2.35}$$

式中：KH_{COD} 为以化学方法氧化水体中有机物所需要溶解氧的半饱和常数；BF_{COD} 为 COD 的沉积通量；W_{COD} 为 COD 的外负荷。

2.1.3　定解条件

水动力学模型的定解条件包括初始条件和边界条件。初始条件是指研究对象在过程开始时刻各个求解变量的空间分布。一般选取计算变量比较稳定即变化很小的时刻作为计算起点。边界条件是在求解区域的边界上所求解变量或其一阶导数随时间及地点的变化规律。三维环境流体动力学模型中，边界条件又包括垂向边界条件和水平边界条件。其中垂向边界条件由自由表面边界条件和底部边界条件组成；水平边界条件则包括侧向开边界条件和侧向闭边界条件。

1. 垂向边界条件

运动学边界条件

$$w(x,y,z,t) = 0 \tag{2.36}$$

动力学边界条件

$$\left.\begin{array}{l} \dfrac{A}{H}\dfrac{\partial u}{\partial z}\bigg|_{z=1} = \dfrac{\tau_{sx}}{\rho} \\[3mm] \dfrac{A}{H}\dfrac{\partial u}{\partial z}\bigg|_{z=1} = \dfrac{\tau_{sy}}{\rho} \end{array}\right\} \tag{2.37}$$

$$\left.\begin{array}{l} \dfrac{A}{H}\dfrac{\partial u}{\partial z}\bigg|_{z=0} = \dfrac{\tau_{bx}}{\rho} \\[3mm] \dfrac{A}{H}\dfrac{\partial u}{\partial z}\bigg|_{z=0} = \dfrac{\tau_{by}}{\rho} \end{array}\right\} \tag{2.38}$$

式（2.37）和式（2.38）中，z 取 1 时为自由表面边界，取 0 时为底部边界；H 为水深；ρ 为水体密度；τ_{sx} 和 τ_{sy} 为表面风应力在 x、y 方向的分量；τ_{bx} 和 τ_{by} 为底部摩擦力在 x、y 方向的分量。计算方法分别见下式：

$$\left.\begin{array}{l} (\tau_{sx},\tau_{sy}) = c_s\sqrt{U_w^2+V_w^2}(U_w,V_w) \\[3mm] c_s = 0.001\dfrac{\rho_a}{\rho_w}(0.8+0.065\sqrt{U_w^2+V_w^2}) \end{array}\right\} \tag{2.39}$$

$$\left.\begin{array}{l} (\tau_{bx},\tau_{by}) = c_b\sqrt{u_1^2+v_1^2}(u_1+v_1) \\[3mm] c_b = \left(\dfrac{\kappa}{\ln(\Delta_1/2z_0)}\right) \end{array}\right\} \tag{2.40}$$

式（2.39）和式（2.40）中：U_w 和 V_w 表示 x 和 y 方向上水面以上 10m 处的风速；c_s 表示风力系数；ρ_a 和 ρ_w 分别表示空气和水的密度；κ 为冯卡曼（von Karman）常数，一般取 0.4；Δ_1 是底层厚度；$z_0 = z_0^*/H$，为无因次底边界粗糙度参数。

2. 水平边界条件

开边界主要是人为将有限区域作为计算范围而引起的。开边界的变量值必须保证区域外界发生的状态能够传入到区域内，同时也要保证内部区域的状态能够传入到外界区域。开边界条件通常通过强加自由表面水位或流量获得。第一类边界通常被用于河流边界，第二类则被用于海洋边界（王红，2007）。

侧向闭边界往往设定流速法向分量为 0，即

$$\frac{\partial u}{\partial n} = 0 \tag{2.41}$$

式中：u 为正交曲线坐标在 x 方向的速度分量；n 为侧边界的法向量。

　　3. 运动边界的处理

运动边界是指计算区域中有水和无水区域的交界线，是模拟中的主要难点之一。为了让整个计算区域网格均参与计算，模型采用干湿网格法对运动边界进行处理（吴巍 等，1995；孙文心 等，2004）。该方法基于一套判别准则，在对方程组进行数值计算前，先判定出哪些网格是湿的，哪些网格是干的，对湿点进行计算，干点不计算。该方法主要比较计算网格单元水深与临界水深和前一时刻水深的大小关系。如果单元水深大于临界水深，则单元判定为湿；如果单元水深小于临界水深，而且小于前一时刻的水深，则单元判定为干，此时设定单元四周的流速为零；如果单元水深小于临界水深，而且大于前一步长的水深，再检查单元四边流速，将出流边的流速设为零。这种处理方法物理概念明确，能够确保计算区域的各单元物质守恒，同时也不会产生负水深，从而保证计算顺利进行。

2.1.4　求解方法

三维 EFDC 模型采用有限差分和有限体积相结合的方法来求解，在水平方向利用交错网格对方程进行离散。具体采用过程分裂法求解，即将三维流动中的快过程——表面重力长波与慢过程——缓行的内重力波分开，数值解由此可以分为沿水深积分的外模式以及与垂直水流结构相联系的内模式，对外模式和内模式分别采用适合其数值行为和物理特性的计算模式，最后联合求解得到三维流场。

模型的具体求解流程是：先通过二维外模式获得垂向平均流速及表面水位，其中水位提供给内模式计算使用，而垂向平均流速则被用于校正三维流速，随后将内模式分裂为水平对流扩散以及垂向扩散两部分，对前者采用显式格式、后者采用隐式格式进行求解，最后再利用三维流场计算三维温度及水质场，同时将有关对流和水平扩散项的垂向积分信息反馈给外模式，用于下一个内模式中多个外模式的计算，如此反复进行。

2.1.5　含大型分支水库的数值计算处理

很多水库都包含大型支流，干支流交汇处存在边界不规则、地形条件

较为复杂以及水流的紊动掺混作用强烈等特点，给流场与温度场的数值模拟带来了较大的困难。支库与主库的耦合计算的难度在于如何正确处理支库与主库水流及水温的交互作用和回流的影响，数值计算不易收敛是最大难题。

立面二维模型在遇到主支库问题时往往需要假定水流从支库流向主库，无支库倒灌。这种假定只考虑了支库对主库的影响，所以在汇入口附近的混合区及蓄水期的倒灌时期存在一定的误差，此外由于没有考虑流量汇入过程中的混合流动，故混合区内的流场也会有一定的误差。因此采用三维环境流体动力学模型同时计算水流水温才较为合理，其具有同时对主支库水流水温进行计算的功能，仅需要在输入文件中考虑主支河流的信息，计算结构根据网格优先拓扑关系决定，根据三维流场和温度场的数值模型结构和数值解来考虑主支库水流及水温的交互作用，不用附加假定，就可以较好地解决含大型分支库的水库水流、水温计算问题。

2.2 河道一维水温水质流体动力学模型

对于河道而言，通常其宽度及水深相对于长度数量较小，扩散质（热量或者污染物质）很容易在垂向及横向上达到均匀混合，即扩散质浓度在断面上基本达到均匀状态。因此只需要弄清扩散质在断面内的平均分配状况，就可以把握整个河道的扩散质空间分布特征。这时可以采用一维圣维南方程描述河流水动力特征，而采用一维对流扩散方程描述扩散质在时间及河流纵向上的变化状况。下面对其各个模块的模型方程及求解方法进行介绍。

2.2.1 一维非恒定流水动力学模型

水动力学模块采用考虑旁支入流的一维圣维南方程组模拟河道水动力学特征：

$$B\frac{\mathrm{d}z}{\mathrm{d}t} + \frac{\partial Q}{\partial x} = q \tag{2.42}$$

$$\frac{\partial Q}{\partial t} + \frac{2Q}{A}\frac{\partial Q}{\partial x} + \left[gA - B\left(\frac{Q}{A}\right)^2\right]\frac{\partial z}{\partial x} = \left(\frac{Q}{A}\right)^2\frac{\partial A}{\partial x}\bigg|_z - gA\frac{Q^2}{K^2} \tag{2.43}$$

式（2.42）～式（2.43）中：t 为时间；x 为空间坐标；z 为水位；Q 为流量；B 为水面宽；q 为旁侧入流量；A 为过水断面面积；g 为重力加速度；K 为流量模数。

模型采用有限差分法，通过考虑时空的普列斯曼（Preissmann）格式即四点时空偏心隐式格式对式（2.42）和式（2.43）进行离散，对每一网格可列出两个线性代数方程，再加上上下游边界条件，构成完备的封闭方程组，采用追赶法求得各个断面的水位、流量。污染源排污、支流入汇均按污染物旁侧入流处理。

2.2.2　河道一维水质模型

描述河道扩散质运动及浓度变化规律的控制方程采用形式如下：

$$\frac{\partial C}{\partial t} + u\,\frac{\partial C}{\partial x} = E_x\,\frac{\partial^2 c}{\partial x^2} - KC \tag{2.44}$$

式中：C 为扩散质的断面平均浓度；u 为流速；E_x 为纵向离散系数；K 为污染物降解系数。

采用有限差分法对式（2.44）离散，空间差分采用隐式迎风差分格式。对首断面给定第一类边界条件，对末断面给定第二类边界条件，最后采用追赶法可容易求得各个水质断面的浓度。

2.2.3　河道基于平衡温度的解析解模式

为了便于分析水库对河道水温的影响，模拟河道水温时采用了一个简化的对流扩散方程，假定水温在垂向和横向混合均匀，且对流占优（Walters et al.，2000）。

$$\frac{Q}{A}\frac{\mathrm{d}T}{\mathrm{d}x} = \frac{H_f}{\rho C_p D} \tag{2.45}$$

式中：T 为水温；Q 为流量；A 为过水断面面积；D 为水深；ρ 为密度；C_p 为热交换系数；H_f 为表面的热通量。

许多研究中都寻求对总热通量（H_f）的一个简化描述，从而达到简化计算的目的。基于此，Edinger et al.（1968）提出了平衡温度的概念，即水体表面与大气净热交换为 0 时的河流温度。而热通量与水温和平衡温度的差成正比。因此可以用下面的公式表示：

$$H_f = K_e(T_e - T) \tag{2.46}$$

式中：T_e 为平衡温度；K_e 为热交换系数，其与气温风速和相对湿度有关。

将式（2.46）代入式（2.45）可以得到河流水温的解析解：

$$T = T_e + (T_0 - T_e)\exp\left(-\frac{K_e A x}{\rho C_p D Q}\right) \tag{2.47}$$

式中：T_0 为上游水库下泄水温。

因此，水温的模拟和计算主要是要确定热交换系数 K_e 和平衡温度 T_e。

Caissie et al.（2005）模拟米拉米奇（Miramichi）河流水温时及 Bustillo et al.（2014）模拟法国卢瓦尔（Loire）河中游水温时，均将 K_e 当作常数，取得了较好的模拟效果，本研究中 K_e 也取常数。而气温和平衡温度的关系一般可以用一个线性关系表示（Bogan et al.，2004），本研究同样利用该线性关系确定模型参数：

$$T_e = a_e T_a + b_e \qquad (2.48)$$

式中：a_e、b_e 为 T_e 与 T_a 方程的回归系数。

第3章 丹江口库区污染源分析

调水工程的成败关键在于水质，在收集大量丹江口水库入库干支流水质资料的基础上，首先进行了研究区模糊评价组合模型的研究，然后选择适宜于研究区的评价模型进行了水质综合评价；之后利用聚类分析和判别分析方法进行了水质的时空分布规律的研究；最后利用因子分析方法识别了主要的潜在污染源，并采用主成分多元回归分析法将各个污染源对每个水质指标的贡献率进行计算。

3.1 研究区概况及数据资料

丹江口水库位于湖北和河南的交界处，它的集水区域包括丹江和汉江上游流域（东经110°59′～111°49′，北纬32°36′～33°48′），总集水面积为95000km²。两条河流的回水长度分别为177km和80km。区域属于北半球亚热带季风型气候，年平均气温为15～16℃。降雨年内变化较大，为800～1000mm，其中80%集中在5—8月。库区地形复杂，山区占陆地的85%，其中44%山区的坡度大于25°。总的森林覆盖率为35%。区域内主要河流为汉江和丹江，此外还有大量的入库支流。近年来随着经济社会的快速发展，区域城镇污水和工业废水处理设施建设落后于全国平均水平，面源污染日益严重，部分入库支流、主要城市河段和局部库湾水质较差，水污染防治工作形势依然严峻。因此入库干支流水质好坏对库区水质状况起着十分重要的作用。

研究中收集了丹江口水库十条主要的入库干支流2012年4月—2014年3月期间每月一次的水质资料，各个监测站点位置如图3.1所示。选取11个水质指标进行分析，其中包括水温、pH值、溶解氧、高锰酸盐指数、五日生化需氧量、总磷、氨氮、氟化物、砷、挥发酚、粪大肠杆菌，这些水质指标能反映水体的物理特征、有机物、营养物质以及生物化学特征信息（Zhou et al.，2007）。水样的采样、保存、运输及分析方法均参照国家《地表水环境质量标准》（GB 3838—2002）。各个水质指标具体采用的分析方法见表3.1。

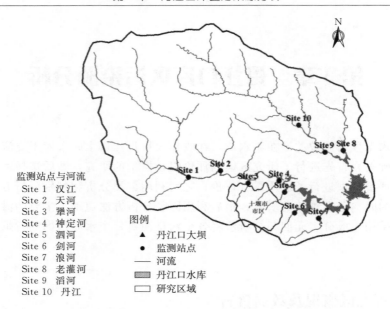

监测站点与河流
Site 1　汉江
Site 2　天河
Site 3　堵河
Site 4　神定河
Site 5　泗河
Site 6　剑河
Site 7　浪河
Site 8　老灌河
Site 9　滔河
Site 10　丹江

图例
▲　丹江口大坝
●　监测站点
——　河流
▨　丹江口水库
□　研究区域

图 3.1　丹江口水库及入库干支流监测站点位置图

表 3.1　　　　　　　　　水质指标的英文缩写、单位及分析方法

水质指标	英文缩写	单位	分析方法
水温	Temp	°C	温度计法
pH 值	pH		玻璃电极法
溶解氧	DO	mg/L	电化学探头法
高锰酸盐指数	COD_{Mn}	mg/L	酸性法
五日生化需氧量	BOD_5	mg/L	稀释与接种法
总磷	TP	mg/L	钼酸铵分光光度法
氨氮	NH_4^+-N	mg/L	纳氏试剂比色法
氟化物	F^-	mg/L	离子色谱法
砷	As	mg/L	二乙基二硫代氨基甲酸银分光光度法
挥发酚	V-ArOH	mg/L	蒸馏后 4-氨基安替比林分光光度法
粪大肠杆菌	F. coli	num/L	多管发酵法、滤膜法

　　由于天气条件或者实验问题，有小部分数据存在空白，利用月平均值替代方法来估计缺失值。数据样本的统计特性见表 3.2。大多数多元统计方法要求样本服从正态分布（Lattin et al.，2003），对原始数据的偏态和峰态统计分析表明，大多数的水质指标远远达不到 95% 保证率下的正态分布。对原始数据

进行对数变化后，偏态和峰态值显著降低，样本服从正态分布。此外，对判别分析、因子分析及主成分多元回归分析采用的数据序列进行了标准化处理。经预处理的数据序列被代入相应的程序软件中进行分析，模糊综合评价采用 Microsoft Excel，聚类分析和判别分析采用 Statistica 7.0，因子分析和主成分多元回归分析采用 SPSS16.0。

表 3.2		数据样本的统计特性									
水质指标		汉江	天河	堵河	神定河	泗河	剑河	浪河	老灌河	淄河	丹江
水温 /℃	平均值	17.550	17.425	18.867	20.042	17.829	17.821	19.083	17.613	17.900	16.721
	标准差	6.384	6.752	7.718	6.269	7.603	7.914	8.622	8.708	7.945	8.124
pH 值	平均值	8.117	7.891	7.725	7.540	7.601	7.912	8.297	7.879	8.095	8.096
	标准差	0.204	0.188	0.256	0.131	0.204	0.437	0.485	0.131	0.143	0.157
溶解氧 /(mg/L)	平均值	9.767	8.724	8.235	3.959	5.017	8.836	12.028	7.931	10.722	9.815
	标准差	1.680	3.272	2.789	2.970	2.199	3.680	3.708	3.356	1.839	1.851
高锰酸盐 指数/(mg/L)	平均值	1.792	1.583	5.583	8.950	6.008	5.279	3.275	2.854	1.442	1.838
	标准差	0.593	0.805	2.189	3.607	1.137	1.873	0.871	0.920	0.446	1.198
五日生化需 氧量/(mg/L)	平均值	0.854	1.358	3.983	14.592	5.046	3.246	2.004	1.967	1.021	0.917
	标准差	0.290	1.075	2.150	17.225	2.954	1.596	1.129	1.630	0.436	0.368
总磷 /(mg/L)	平均值	0.042	0.053	0.809	0.804	0.645	0.117	0.168	0.092	0.020	0.071
	标准差	0.028	0.034	0.856	0.495	0.268	0.087	0.163	0.049	0.010	0.049
氨氮 /(mg/L)	平均值	0.083	0.140	2.099	8.985	5.462	1.932	0.205	0.821	0.065	0.393
	标准差	0.084	0.188	2.094	2.819	1.904	3.008	0.238	0.896	0.039	0.428
氟化物 /(mg/L)	平均值	0.155	0.205	0.308	0.596	0.398	0.243	0.162	0.248	0.198	0.278
	标准差	0.035	0.037	0.076	0.172	0.077	0.052	0.064	0.047	0.043	0.046
砷 /(mg/L)	平均值	0.001	0.002	0.003	0.002	0.002	0.002	0.002	0.002	0.002	0.002
	标准差	0.000	0.001	0.001	0.001	0.001	0.000	0.001	0.001	0.001	0.001
挥发酚 /(mg/L)	平均值	0.001	0.001	0.002	0.003	0.002	0.001	0.001	0.001	0.001	0.001
	标准差	0.001	0.001	0.001	0.004	0.004	0.001	0.001	0.000	0.001	0.001
粪大肠杆菌 /(num/L)	平均值	3702	7935	434917	873542	175892	14829	3463	10445	1071	1421
	标准差	2049	4193	604229	914210	332154	36347	5918	17918	1758	3215

3.2　分析评价方法

近年来，各类数学及统计评价方法逐渐被用于水环境的研究中，然而综合这一系列的方法进行分析的研究目前还相对较少（Varol，2013；Mustapha et al.，2014；Jha et al.，2014；Mavukkandy et al.，2014；Chen et al.，2015）。本研究中综合利用模糊综合评价法和聚类分析、判别分析、因子分析方法及主成分多元回归分析法等多元统计分析方法进行丹江口库区的水质评价、时空变化规律分析及污染源分析。下面对所采用的方法进行简单介绍。

3.2.1　模糊综合评价方法

随着 1965 年美国 L. AZadeh《模糊集合》的发表，模糊数学理论诞生并快速发展起来。由于大量不确定性因素存在于水环境问题中，水质分类标准及水质级别均是一些模糊概念，因此模糊数学理论在水质综合评价中也得到广泛应用（潘峰 等，2002）。建立模糊评价模型一般有评价因子的选取、评价标准集的建立、实测数据及评价标准的标准化、评价因子权重的确定和综合评价五个步骤（Liu et al.，2010；杜娟娟，2015；陈攀 等，2018）。具体步骤如下：

（1）评价因子的选取。设有 n 个评价对象，各评价对象均有 m 个评价指标，则可构造 $n \times m$ 阶的实测指标值矩阵 $C_{n \times m}$：

$$C_{n \times m} = \begin{bmatrix} C_{11} & \cdots & C_{1m} \\ \vdots & \ddots & \vdots \\ C_{n1} & \cdots & C_{nm} \end{bmatrix} \tag{3.1}$$

（2）评价标准集的建立。若评价标准有 t 个类别，则可构造 $t \times m$ 阶评价标准矩阵 $S_{t \times m}$：

$$S_{t \times m} = \begin{bmatrix} S_{11} & \cdots & S_{1m} \\ \vdots & \ddots & \vdots \\ S_{t1} & \cdots & S_{tm} \end{bmatrix} \tag{3.2}$$

（3）实测数据及评价标准的标准化。具体如下：

1）实测数据的标准化。实测数据的标准化是对数据进行无量纲化处理，常采用隶属函数法对实测数据矩阵进行标准化，各评价因子隶属函数值是由各因子的实测值及水质评价标准计算得出的，各因子的隶属度函数公式如下：

$$f_{1i} = \begin{cases} 1 & (C_i \leqslant S_{1i}) \\ \dfrac{S_{2i} - C_i}{S_{2i} - S_{1i}} & (S_{1i} < C_i < S_{2i}) \\ 0 & (C_i \geqslant S_{2i}) \end{cases} \tag{3.3}$$

$$f_{ki} = \begin{cases} 1 & (C_i = S_{ki}) \\ \dfrac{C_i - S_{(k-1)i}}{S_{ki} - S_{(k-1)i}} & (S_{(k-1)i} < C_i < S_{ki}) \\ \dfrac{S_{(k+1)i} - C_i}{S_{(k+1)i} - S_{ki}} & (S_{ki} < C_i < S_{(k+1)i}) \\ 0 & (C_i \leqslant S_{(k-1)i} \text{ 或 } C_i \geqslant S_{(k+1)i}) \end{cases} \tag{3.4}$$

$$f_{ti} = \begin{cases} 0 & (C_i \leqslant S_{(t-1)i}) \\ \dfrac{C_i - S_{(t-1)i}}{S_{ti} - S_{(t-1)i}} & (S_{(t-1)i} < C_i < S_{ti}) \\ 1 & (C_i \geqslant S_{ti}) \end{cases} \tag{3.5}$$

式中：f_{ki} 为第 i 个评价指标的第 k 级（$k=1,2,\cdots,t-1$）评价标准的隶属函数；C_i 为第 i 个评价指标的实测值；S_{ki} 为第 i 个评价指标的第 k 级标准值。

2）评价标准的标准化。评价标准的标准化常用线性内插法。若规定 1 类和 t 类水质量标准浓度的隶属度分别为 0 和 1，则

$$e_{ki} = \frac{S_{ki} - S_{1i}}{S_{ti} - S_{1i}} \tag{3.6}$$

式中：e_{ki} 为第 i 个评价指标的第 k 级评价标准的标准值。

（4）评价因子权重的确定。在水质评价过程中，权重是评价因子对水污染程度贡献的反映，权重值的合理性直接影响到评价结果，研究中常采用的权重的确定方法有超标倍数法、熵值法以及层次分析法等。

1）超标倍数法。超标倍数法主要通过计算超标比来确定各因子的权重，即根据某待评价对象的各评价指标的监测值相对于水质标准均值的超标程度，将经过归一化计算所获得的结果作为因子权重，计算公式如下（刘顿开 等，2017）：

$$\overline{S_i} = \frac{1}{t} \sum_{k=1}^{t} S_{ki} \tag{3.7}$$

$$\omega_i = C_i / \overline{S_i} \tag{3.8}$$

$$W_i = \omega_i \Big/ \sum_{i=1}^{m} \omega_i \tag{3.9}$$

式中：$\overline{S_i}$ 为第 i 个评价指标各评价等级标准的平均值；ω_i 为第 i 个评价指标的超标倍数；W_i 为第 i 个评价指标的权重。

2）熵值法。熵值法利用指标确定的熵值来确定权重系数的大小，当评价对象在某项指标上的值相差较大时，熵值较小，则该指标提供的有效信息量较大，该指标的权重也应较大；反之，若评价对象在某项指标的值相差较小，熵值较大，则说明该指标提供的信息量较小，该指标的权重也应较小，主要计算公式如下（Zou et al.，2006）：

$$b_{ji} = \frac{C_{ji} - C_{\min}}{C_{\max} - C_{\min}} \tag{3.10}$$

$$b'_{ji} = (1 + b_{ji}) \Big/ \sum_{j=1}^{m} (1 + b_{ji}) \tag{3.11}$$

$$H_i = - \left(\sum_{j=1}^{n} b'_{ji} \ln b'_{ji} \right) \Big/ \ln n \tag{3.12}$$

$$W_i = (1 - H_i) \Big/ (m - \sum_{i=i}^{m} H_i) \tag{3.13}$$

式中：b_{ji}、b'_{ji} 分别为第 j 个评价对象的第 i 个评价指标的标准化值和修正后标准化值；$C_{\max}$、$C_{\min}$ 分别为同一评价指标对应的不同事物中的最满意与最不满意的值；H_i、W_i 分别为第 i 个评价指标的熵和熵权。

3）层次分析法。该方法是在建立有序递阶的指标体系的基础上，通过比较同一层次各指标的相对重要性来综合计算指标的权重系数。为了使不同的评价因子间具有可比性，采用单向污染指数法对水质数据进行处理，由此构造判断矩阵；随后采用方根法求出判断矩阵相应的最大特征值及特征向量，将特征向量做归一化的处理即得到相应的权重系数；最后为判断矩阵的一致性采用一致性指标进行验证（董楠楠 等，2016）。

（5）综合评价。在综合评价过程中，较常用的模糊模式识别方法主要有三种类型：M（·，＋）模糊算子、叠加隶属度法以及加权海明距离法。

1）M（·，＋）模糊算子。该法通过计算评价对象与标准对象之间的最优隶属度，即评价对象隶属于评价标准分类的最大值，来确定水环境质量分类，计算公式如下（刘聚涛 等，2010）：

$$\boldsymbol{B} = \boldsymbol{\omega} \times \boldsymbol{F} \tag{3.14}$$

式中：$\boldsymbol{B}$ 为各评价对象的最优隶属度矩阵；$\boldsymbol{\omega}$ 为各评价指标权重矩阵；$\boldsymbol{F}$ 为实测数据的标准化矩阵。

2）叠加隶属度法。利用式（3.14）得到隶属度矩阵后，某一类水质的叠加隶属度为等于和高于该水质类别的水质的隶属度之和。在判断水质等级时，按照由高等级向低等级的顺序，将叠加隶属度首先大于或等于 0.5 的水质等级确定为水体的等级（Mohamed et al.，2018）。

3）加权海明距离法。该法通过计算评价对象与评价标准之间的贴近度，即评价对象隶属于评价标准分类的最小值，来确定水环境质量分类（阎伍玖等，1990），计算公式如下：

$$D_W(F,E) = \sum_{i=1}^{m} W_i |F(x_i) - E(x_i)| \qquad (3.15)$$

式中：$D_W(F, E)$ 为评价对象 F 与标准对象 E 之间加权海明距离；$F(x_i)$、$E(x_i)$ 分别为评价对象与标准对象的隶属度。

3.2.2　多元统计分析方法

为了分析水质的时空分布特性以及进行污染源解析，研究中采用多种多元统计分析技术，其中包括聚类分析、判别分析、因子分析以及主成分多元回归分析方法等。

（1）聚类分析。聚类分析就是将一批样品或变量按照它们在性质上的亲疏程度进行分类的分析方法。最常使用的是层次聚类分析法，该方法对给定的数据对象集合进行层次分解（Shrestha et al.，2007）。层次聚类分析法包含凝聚和分裂两大类。凝聚方法采用自底向上的策略，将每个对象作为一个原始簇，相继地合并相近的簇，直到达到某个终止条件；而分裂方法采用自顶向下的策略，将所有的对象置于一个大类中，在迭代的每一步中，大类将分裂为更小的类，直到达到某个终止条件。两个簇之间距离的联接规则主要有单联接规则、完全联接规则、类间平均联接规则、类内平均联接规则和沃德法等。其结果往往通过一个树状图进行表示，从而代表了不同的类别及其相似性。该聚类方法的特点是方法简单，层次结构清晰。

利用层次聚类分析法对标准化数据集进行分析，将平方欧式距离作为距离测度方法，对丹江口主要入库干支流水质时空状况进行聚类分析。

（2）判别分析。判别分析方法可以用来判别聚类分析结果和识别显著性的污染指标，其基本原理是按照一定的判别准则，建立一个或多个判别函数，用研究对象的大量资料确定判别函数中的待定系数，并由此计算判别指标，据此即可确定某一样本属于何类。具体的计算思路如下。

设预测的因子有 p 个，分为 m 类，每类已知样品数为 n，引入判别函数：

$$Y_i = V_i^{(1)} x^{(1)} + V_i^{(2)} x^{(2)} + \cdots + V_i^{(p)} x^{(p)} \qquad (3.16)$$

式中：$x^{(1)}$ 为第 1 个因子；Y_i 为第 i 个判别函数；$V_i^{(p)}$ 为第 p 个预测因子第 i

个判别函数的系数。

对于第 i 个判别函数 Y_i 来说，组间平方和 E_i 表示不同类别样本之间判别函数 Y_i 的方差之和，而组内平方和 F_i 表示同类样品之间判别函数的方差总和，要求选取判别函数 Y_i 使组间平方和尽可能大，同时组内平方和尽可能小。也就是说要使同一母体的投影点相对集中，而不同母体的投影点之间又相对分离。即要使得特征值 $\lambda_i = E_i/F_i$ 尽可能取得大。取 λ_i 为特征方程组 $(B_p - \lambda_i W_p) V_i = 0$ 的特征值，其相应的特征向量即为判别函数中的系数 $V_i^{(1)}$，$V_i^{(2)}$，$\cdots$，$V_i^{(p)}$，求出特征向量后，就可以确定判别函数了。在判别函数的基础上，再根据判断的规则，就可以将水质指标判别归类。

研究中采用了三种模式构建判别函数，即标准、向前逐步和向后逐步模式（Zhou et al.，2007）。标准模式是将所有的水质指标均考虑进判别函数中；向前逐步模式中显著变量被一个一个加入判别函数中，直到没有显著的变化为止；向后逐步模式是将不显著的变量一个接一个地从判别函数中移除，直到没有显著的变化为止。

（3）因子分析。因子分析方法可以将众多的原变量组成少数的独立新变量，并用较少的具有代表性的因子概括多维变量所包含的信息，因此在水环境研究中得到较多的应用，常常被用于提取污染因子和识别污染源（Simeonov et al.，2003）。该方法的实质是从多个实测的水质变量中提取出较少的、互不相关的、抽象综合指标因子，每个水质变量可用这些提取出的共因子的线性组合表示：

$$z_{ij} = a_{f1} f_{1i} + a_{f2} f_{2i} + \cdots + a_{fm} f_{mi} + e_{fi} \tag{3.17}$$

式中：z_{ij} 为水质变量的测量值；a_{fm} 为因子载荷；f_{mi} 为因子得分；e_{fi} 为残差项；m 为因子数量。

在水环境的分析中，各个不同的因子代表了不同类别的污染来源信息，因子载荷体现了水质指标对该污染来源的相依程度，负荷绝对值大的水质变量与该因子的关系更密切，因此可以借助该信息进行污染源的识别和污染因子的提取。此外为了更好地解释各个因子，往往还需要对因子进行坐标轴的旋转变化，使得因子负荷在新的坐标系中向 0 或 1 两极分化，以便得到一个更易于解释的结构。研究中利用因子分析时采用了主成因方法，获取显著的影响因子后进行了最大方差变换，获取了最后的影响因子（Alberto et al.，2001）。

（4）主成分多元回归分析。该方法的核心是获取绝对主成分因子得分，具体的方法可以参考相关文献（Guo et al.，2004）。简而言之，首先要进行水质指标的标准化处理。

$$z_{ik} = (C_{ik} - C_i)/s_i \qquad (3.18)$$

式中：C_{ik} 为第 k 个样本中第 i 个水质指标浓度；C_i、s_i 分别为第 i 个水质指标的算数平均值和标准方差。

由于通过主成分分析直接获取的因子得分是标准化之后序列，其平均值为 0，标准方差为 1。因此需要再引进一个浓度为 0 的人工样本来获取各个因子的真实得分。

$$(Z_0) = (0 - C_i)/s_i = -C_i/s_i \qquad (3.19)$$

绝对因子得分可以通过标准化后因子得分减去人工样本的因子得分而获取，然后对绝对因子得分进行多元回归分析，最后就可以获取各个因子对于各污染源的贡献率。

$$C_{jk} = b_{0j} + \sum_{i=1}^{p} b_{ij} \cdot \text{APCS}_{jk} \qquad (3.20)$$

式中：C_{jk} 为第 j 个变量第 k 个样本的测量值；b_{0j} 为第 j 个变量的多元回归的常数项；b_{ij} 为第 j 个变量第 i 个因子的回归系数；APCS_{jk} 为第 j 个因子的绝对因子得分；$b_{ij} \cdot \text{APCS}_{jk}$ 为对 C_{jk} 的贡献率，所有样本的平均值代表了对该来源的平均贡献率。

3.3　水质评价

在模糊综合评价方法研究中，指标权重的确定和模糊模式的识别是最为重要的两项内容，国内外研究者在这两方面开展了大量的研究工作，并提出了一系列相关方法。在进行丹江口库区水质评价前，有必要弄清各赋权方法及模拟模式识别方法的特点，找到相对较适合研究区水质评价的模糊评价组合模型，即赋权方法和模拟模式识别方法的组合模型，然后利用该组合模型对研究区水质状况进行评价分析。

3.3.1　评价过程

分别应用隶属函数法和线性内插法对实测数据和标准数据进行标准化，权重确定则采用超标倍数法、熵值法及层次分析法，模糊模式识别应用 M（·，＋）模糊算子、叠加隶属度及加权海明距离法。将上述权重方法和模糊模式识别方法进行组合，构建九个不同的模糊评价组合模型，见表 3.3。模型比较分析时，选取汉江、丹江、老灌河、剑河、神定河和瞿河六个典型监测点 2013 年 1 月、4 月、7 月和 10 月份四个典型月份的溶解氧、高锰酸盐指数、五日生化需氧量、总磷、氨氮、氟化物、砷、挥发酚监测数据为代表进行分析。计算时先求解各水质指标权重值，以老灌河监测点为例，表 3.4 为三种不同赋权方法求得的各水质指标的权重值；随后进行水质的综合评价，以超标倍数法赋权的模型1～3为例，表 3.5 为老灌河监测点三种不同模糊模式识别方法的评价过程。

表 3.3　　　　　　　　　　不同模糊评价组合模型

模型编号	权 重 确 定			综 合 评 判		
	超标倍数法	熵值法	层次分析法	M（·，＋）模糊算子	叠加隶属度法	加权海明距离法
1	√			√		
2	√				√	
3	√					√
4		√		√		
5		√			√	
6		√				√
7			√	√		
8			√		√	
9			√			√

表 3.4　　　　　　老灌河监测点不同赋权方法的指标权重值

赋权方法（组合模型）	月份	溶解氧	高锰酸盐指数	五日生化需氧量	总磷	氨氮	氟化物	砷	挥发酚
超标倍数法（模型1～3）	1 月	0.163	0.154	0.276	0.124	0.146	0.123	0.008	0.005
	4 月	0.442	0.141	0.067	0.113	0.050	0.154	0.021	0.013
	7 月	0.182	0.070	0.096	0.140	0.463	0.043	0.004	0.002
	10 月	0.316	0.142	0.097	0.157	0.092	0.179	0.011	0.006
熵值法（模型4～6）	1 月、4 月、7 月、10 月	0.136	0.106	0.151	0.120	0.119	0.140	0.106	0.123
层次分析法（模型7～9）	1 月	0.241	0.124	0.235	0.104	0.123	0.161	0.009	0.002
	4 月	0.549	0.095	0.048	0.079	0.035	0.169	0.020	0.004
	7 月	0.276	0.058	0.083	0.120	0.400	0.058	0.004	0.001
	10 月	0.417	0.102	0.073	0.117	0.069	0.209	0.011	0.002

由表 3.4 可以看出，三种赋权方法中熵值法求取的指标权重与其他两种方法有着两方面的差异，其一是不同月份的权重相同，其二是不同指标的权重差异相对较小。例如 4 月份熵值法指标权重的最大值与最小值之比仅为 1.42，而另外两种方法分别为 34 和 137.25。对模糊组合模型来说，权重至关重要，对计算结果影响巨大，因此三种赋权方法求取的权重差异最终会导致不同组合模型的评价结果上的差异。

表 3.5　　　老灌河监测点不同模糊模式识别方法的评价过程

模糊模式识别方法 （组合模型）	项目	月　份			
		1 月	4 月	7 月	10 月
M（·，+）模糊算子 （模型 1）	I	0.521	0.452	0.049	0.718
	II	0.369	0.106	0.063	0.282
	III	0.110	0.243	0.219	0.000
	IV	0.000	0.199	0.206	0.000
	V	0.000	0.000	0.463	0.000
	最大值	0.521	0.452	0.463	0.718
	评价结果	I	I	V	I
叠加隶属度法 （模型 2）	I	1.000	1.000	1.000	1.000
	II	0.479	0.548	0.951	0.282
	III	0.110	0.442	0.888	0.000
	IV	0.000	0.199	0.669	0.000
	V	0.000	0.000	0.463	0.000
	首先大于或等于 0.5	1.000	0.548	0.669	1.000
	评价结果	I	II	IV	I
加权海明距离法 （模型 3）	I	0.054	0.293	0.708	0.067
	II	0.100	0.188	0.531	0.092
	III	0.234	0.182	0.331	0.251
	IV	0.623	0.480	0.264	0.694
	V	0.946	0.707	0.292	0.933
	最小值	0.054	0.182	0.264	0.067
	评价结果	I	III	IV	I

而表 3.5 表明，即使采用同一种赋权方法，基于不同模糊模式识别方法的组合模型的评价结果也会存在一定差异。例如老灌河监测点 4 月份的水质采用模型 1 的评价结果为 I 类，而其余两个模型分别为 II 类和 III 类，而在 7 月份评价结果呈现的规律则恰恰相反，模型 1 的评价结果要差于另外两种模型的。后面的分析讨论中将进一步探讨各赋权方法及模糊模式识别方法的特点。

3.3.2　模型比较

　　利用上述组合模型对研究区的水体水质进行评价，最终不同模型的评价结果见表 3.6。此外，这里也依据《地表水环境质量标准》（GB 3838—2002）对水质监测结果进行了单因子评价，同时结合《丹江口库区及上游水污染防治和水土保持规划》中规定的"汇入水库的各主要支流达到不低于 III 类标准"，标示出一些主要污染因子，见表 3.7。

表 3.6　　　　　　　　　　　不同模糊组合模型的评价结果

监测点	月份	模型 1	模型 2	模型 3	模型 4	模型 5	模型 6	模型 7	模型 8	模型 9
汉江	1 月	I	I	I	I	I	I	I	I	I
	4 月	I	I	I	I	I	I	I	I	I
	7 月	I	I	I	I	I	I	I	I	I
	10 月	I	I	I	I	I	I	I	I	I
丹江	1 月	I	II	III	I	I	I	I	I	I
	4 月	I	I	II	I	I	I	I	I	I
	7 月	III	II	II	I	I	II	I	I	II
	10 月	I	I	I	I	I	I	I	I	I
老灌河	1 月	I	I	I	I	I	I	I	I	I
	4 月	I	II	III	III	II	II	I	I	I
	7 月	V	IV	IV	I	III	III	V	IV	IV
	10 月	I	I	I	I	I	I	I	I	I
剑河	1 月	II	II	II	I	I	I	I	II	I
	4 月	I	II	II	I	I	I	I	I	I
	7 月	V	IV	III	I	II	III	V	III	III
	10 月	II	II	II	I	I	I	I	I	I
神定河	1 月	V	V	V	V	V	III	V	V	V
	4 月	V	V	V	V	IV	III	V	V	V
	7 月	V	V	V	V	IV	III	V	V	V
	10 月	V	V	V	II	II	II	V	V	V

监测点	月份	模型1	模型2	模型3	模型4	模型5	模型6	模型7	模型8	模型9
鄠河	1月	IV	IV	III	I	I	III	IV	IV	III
	4月	V	IV	V	I	I	III	V	IV	III
	7月	V	III	III	I	I	I	V	II	III
	10月	I	II	II	I	I	II	I	I	II

表 3.7　　　　　　　　水 质 指 标 评 价 结 果

监测点	月份	溶解氧	高锰酸盐指数	五日生化需氧量	总磷	氨氮	氟化物	砷	挥发酚
汉江	1月	I	I	I	II	I	I	I	I
	4月	I	I	I	I	I	I	I	I
	7月	II	II	I	II	I	I	I	I
	10月	I	I	I	II	I	I	I	I
丹江	1月	I	I	I	II	IV*	I	I	I
	4月	I	II	I	II	III	I	I	I
	7月	II	IV*	I	III	II	I	I	IV*
	10月	I	I	I	II	II	I	I	I
老灌河	1月	I	II	III	II	II	I	I	I
	4月	IV*	II	I	II	I	I	I	I
	7月	IV*	III	III	IV*	V*	I	I	I
	10月	II	II	I	II	I	I	I	I
剑河	1月	I	II	III	II	II	I	I	I
	4月	I	III	III	II	II	I	I	I
	7月	III	III	I	IV*	V*	I	I	III
	10月	III	III	I	II	I	I	I	I
神定河	1月	II	III	III	V*	V*	I	I	I
	4月	V*	V*	V*	V*	V*	I	I	III
	7月	V*	IV*	V*	V*	V*	I	I	I
	10月	V*	IV*	V*	V*	V*	I	I	I
鄠河	1月	I	III	IV*	IV*	IV*	I	I	I
	4月	I	III	V*	IV*	V*	I	I	I
	7月	I	III	I	V*	I	I	I	I
	10月	I	II	I	III	II	I	I	I

* 主要污染因子。

由表 3.6 可以看出，各模型在汉江和丹江监测点的评价结果大多介于 I ～ II 类之间，差异相对较小，表 3.7 表明这类水体几乎没有主要污染因子或仅有极个别的污染因子；而在其他监测点的评价结果则呈现出较大的差异，例如对老灌河监测点 7 月份的水体水质进行评价时，模型 1 和模型 7 的评价结果均为 V 类，模型 2、模型 3、模型 8 和模型 9 为 IV 类，模型 5 和模型 6 为 III 类，模型 4 则为 I 类，这类水体呈现的主要特征则是主要污染因子相对较多。为分析这种差异产生的原因，有必要先认识不同赋权方法和模糊模式识别方法的特点。

从赋权方法角度看，熵值法赋权的评价结果往往要优于其他模型，例如，模型 4 和模型 5 求得的剑河和鹳河监测点全年的评价结果大多为 I 类，而其他模型则大多差于 I 类；模型 5 和模型 6 计算的神定河监测点 4 个月份水质大多优于 V 类，而其他模型则均为 V 类；这主要是因为熵值法计算的指标权重差异相对较小，从而在一定程度上削弱了异常值对评价结果的影响，使得评价结果偏乐观。对比模型 1 和模型 7、模型 2 和模型 8 以及模型 3 和模型 9 的评价结果，可以发现尽管这两种赋权方法的差异不大，但超标倍数法的评价结果大多要劣于层次分析法，如采用模型 2 和模型 8 对剑河监测点 7 月份的水质进行评价时，结果分别为 IV 类和 III 类，这与高学平等（2017）的研究结果中所呈现的规律类似。

从模糊模式识别方法角度看，采用 M（·，＋）模糊算子的评价结果大多差于其他模型。例如，同样是超标倍数法赋权，模型 1 在老灌河、剑河和鹳河监测点 7 月份的评价结果均为 V 类，而模型 2 和模型 3 的评价结果则介于 III ～ IV 类之间。类似的规律也出现在采用另外两种赋权方法的结果中，这说明采用 M（·，＋）模糊算子可能会放大主要污染因子的影响，忽略其他水质指标的作用，因而评价结果相对悲观。相对而言，另外两种方法中叠加隶属度考虑了各等级之间的关联，加权海明距离则考虑了所有评价因子的贡献率，因此评价结果更具综合性特征。

由此则可进一步解释老灌河监测点 7 月份的水质评价结果差异的原因。模型 1 和模型 7 的赋权方法采用的是易突出异常值作用的超标倍数法和层次分析法，而模糊模式识别的方法则采用的是会放大主要污染物影响的 M（·，＋）模糊算子，因此得到的评价结果最差，为 V 类；尽管模型 2、模型 3、模型 8 和模型 9 同样采用了超标倍数法和层次分析法赋权，然而却使用了综合性相对较强的叠加隶属度和加权海明距离进行评价，因此评价结果居中，为 IV 类；模型 4～模型 6 由于采用的是会在一定程度上削弱异常值影响的熵值法赋权，因此评价结果最优，介于 I ～ III 类之间，其中采用模型 4 进行评价时，由于主要污染因子的权重并不突出，而砷、挥发酚等指标的权重相对较高，使得对Ⅰ类的隶属度最高，因此最终评价结果反而为Ⅰ类。以上分析也在一定程度上说明了9个不同组合模型的优缺点，其中模型1和模型7由于会突出主要污染因子的影响，因此对污染因子相对较少的水体可能评价结果偏悲观，例如对只有两三个主要污染因子的老灌河、剑河和翟河监测点的评价结果往往差于其他模型；模型4～模型6则由于容易削弱异常值的影响，因此对主要污染因子相对较多的水体的水质评价往往偏乐观，例如对有5个主要污染因子的神定河的评价结果往往优于其他模型；相对而言，模型2、模型3、模型8和模型9由于综合性特征更强，因此对不同类型水体水质评价的适应性更强。

考虑到本研究区有多种不同类型的水体，因此，模型2、模型3、模型8和模型9的评价结果可能相对更为合理。此外，这4个模型在丹江及翟河监测点的评价结果中还存在一定差异，例如模型8在丹江监测点年内的水质评价结果均为Ⅰ类，而其他模型则均能体现出一定的年内变化，这说明该模型在此监测点的评价中可能丢失了部分信息；模型9的结果则相对于模型2和模型3更为保守，如模型2和模型3在丹江监测点1月份的评价结果中分别为Ⅱ类和Ⅲ类，而模型9的评价结果为Ⅰ类，前两个模型评价翟河监测点4月份为Ⅳ类和Ⅴ类，而模型9为Ⅲ类。因此采用超标倍数法赋权，叠加隶属度或者加权海明距离法进行模糊模式识别的模糊评价组合模型更适合于研究区的水质评价。

3.3.3 评价结果与分析

由于叠加隶属度的方法计算相对更为简便，采用超标倍数法赋权、叠加隶属度进行模糊模式识别的模糊评价组合模型，参照国家《地表水环境质量标准》（GB 3838—2002），对所有监测测量站点12个月的水质状况进行了水质评价，评价结果见表3.8。其中Ⅰ类和Ⅱ类为较好的水质状况，Ⅲ类为中等水质状况，Ⅳ类及Ⅴ类为较差的水质状况。可以看出10条河流中汉江、天河、滔河及丹江水质状况全年都较好，除天河2月为Ⅲ类外，其余全部为Ⅰ类；然而翟河、神定河、泗河、剑河水质全年都较差，主要为Ⅴ类。浪河与老灌河在4—8月时水质相对较差，这主要是受该时期农业灌溉的影响。

表3.8 水 质 评 价 结 果

时间	汉江	天河	翟河	神定河	泗河	剑河	浪河	老灌河	滔河	丹江
1月	Ⅰ	Ⅰ	Ⅴ	Ⅴ	Ⅴ	Ⅲ	Ⅰ	Ⅰ	Ⅰ	Ⅰ
2月	Ⅰ	Ⅲ	Ⅴ	Ⅴ	Ⅴ	Ⅴ	Ⅰ	Ⅰ	Ⅰ	Ⅰ
3月	Ⅰ	Ⅰ	Ⅴ	Ⅴ	Ⅴ	Ⅴ	Ⅰ	Ⅰ	Ⅰ	Ⅰ

时间	汉江	天河	犟河	神定河	泗河	剑河	浪河	老灌河	淯河	丹江
4 月	I	I	V	V	V	V	III	III	I	I
5 月	I	I	V	V	V	V	II	II	I	I
6 月	I	I	V	V	V	V	II	III	I	I
7 月	I	I	V	V	V	V	III	V	I	I
8 月	I	I	V	V	V	V	III	II	I	I
9 月	I	I	V	V	V	III	III	V	I	I
10 月	I	I	V	V	V	V	III	V	I	I
11 月	I	I	V	V	V	II	I	I	I	I
12 月	I	I	IV	V	V	V	I	I	I	I

3.4 时空变化规律分析

为便于研究区水环境的管理,有必要认识区域水质的时空变化规律。聚类分析方法能较好地将性质类似的变量进行分类,而判别分析的方法则可识别最为显著的指标,因此采用聚类分析方法对研究区水质的时空相似性进行分析,并结合水质评价结果进行分类;此外,基于聚类分析方法的结果,进一步采用判别分析的方法,识别出时空变化最为显著的水质变量,从而认识水质的时空变化。

3.4.1 时空相似性及分类

利用空间聚类分析方法分析了不同入库干支流的空间相似性,聚类程序以个案链接距离与最大链接距离之比(D_{link}/D_{max})×100<60 为标准,将 10 条河流分为两个统计上显著的类别。其中 A 类包括神定河、泗河、犟河、剑河,B 类则由剩下的 6 条河流组成 [图 3.2 (a)]。根据水质的模糊综合评价结果,A 类代表了高污染区域,而 B 类代表低污染区域。类似于空间聚类,对水质指标在时间上也进行聚类分析,可以将 12 个月水质状况分为两类,A 类为 5—10 月,对应于湿润时期;B 类为 11 月至次年 4 月,对应于干旱时期 [图 3.2 (b)]。时空分类结果与模糊综合评价的结果类似,这表明聚类分析方法可以从时空角度给出地表水水质状况的一个合理分类。由于同一个类别的站点有着相似的自然背景以及特征,可能受到相似的污染来源影响,因此该方法可以用

于减少测站点数以及减小测量频率，从而优化未来的采样策略（Varol et al.，2012）。就本研究区而言，高污染区域水质监测频率应该加强，而低污染区域水质监测频率可以适当减弱。

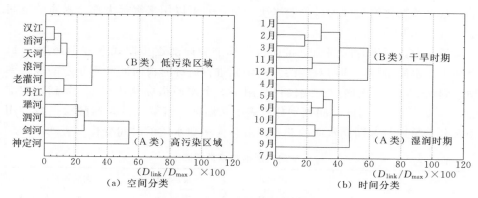

图 3.2　时空聚类树状图

主要入库干支流水质的空间和时间分类主要取决于自然因素和人类活动两方面的影响。从空间上来讲，低污染区域主要位于干流（汉江）和较大的支流（天河、浪河、老灌河、滔河及丹江），而高污染区域主要位于较小的支流（犟河、神定河、泗河和剑河）。这些干流与大的支流的集水面积往往都大于 $500km^2$，年平均流量都大于 $3.5m^3/s$。干流以及大支流中由于有着较大的水量，因此有着更大的污染负荷的承载能力。此外大多数的高污染区域河流，例如犟河、神定河以及泗河都通过十堰市城市区域，因此有着更多的工业以及生活废水排入河道水体（图 3.1）。前面的研究还表明丹江口水库入库支流水质的时间变化在很大程度上受到水文和气象条件（丰水时期以及枯水时期）的影响，然而由于时间上难以区分春季（3—5月）、夏季（6—8月）、秋季（9—11月）及冬季（12月至次年2月）这四个季节，干支流水质变化并没有呈现出很显著的季节变化特征，因此水质变化还不只受到自然条件的影响，比如，可能是由于工业废水和生活污水年内排放过程差异不大，因此污染物年内差异不大。

3.4.2　水质的时空变化

基于聚类分析方法的结果，利用判别分析方法研究了水质的时空变化。判别分析在标准、向前逐步及向后逐步三种模式下，空间和时间判别函数系数矩阵分别见表 3.9 和表 3.10，判别函数分类矩阵见表 3.11。

对于空间判别分析而言，标准模式下判别函数使用了 11 个水质变量，利用该判别函数进行研究区域空间类别判定的准确率为 91.25%；向前逐步模式下，判别函数使用了 6 个水质参数，达到了 90.83％的准确率；而向后逐步模式下仅仅使用了 5 个水质参数，准确率就达到 90.83％（表 3.11）。空间判别分析结果表明，在区分空间类别时，pH 值、高锰酸盐指数、五日生化需氧量、氨氮及氟化物为最为显著的水质变量，并可以用来解释大部分水质的空间变化（表 3.9）。

类似地，对于时间判别分析而言，标准和向前逐步模式下分别采用了 11 个和 4 个水质指标，利用对应的判别函数进行研究时段时间类别判定的准确率均达到 95.83％；而向后模式仅仅采用了 3 个水质指标就达到了 95.42％的准确率（表 3.11）。因此时间判别分析表明，温度、溶解氧及高锰酸盐指数能用于区分干旱期与湿润期水质的差异，解释大多数水质的时间变化（表 3.10）。

表 3.9   **空间判别函数系数矩阵**

水质指标	标准模式		向前逐步模式		向后逐步模式	
	高污染	低污染	高污染	低污染	高污染	低污染
水温	−0.99	−0.96				
pH 值	144.89	148.34	105.79	109.08	104.25	107.41
溶解氧	−6.71	−6.74				
高锰酸盐指数	−1.69	−3.10	−0.81	−2.22	0.13	−1.19
五日生化需氧量	−0.28	−0.07	−0.16	0.05	−0.35	−0.15
总磷	10.33	10.42				
氨氮	3.86	3.64	5.71	5.48	5.38	5.13
氟化物	14.48	17.32	18.20	20.77	23.75	26.79
砷	2873.55	3225.07	5038.76	5463.33		
挥发酚	−344.09	−387.76				
粪大肠杆菌	−0.01	−0.01				
常数	−537.01	−559.56	−425.12	−446.42	−416.86	−436.70

表 3.10   **时间判别函数系数矩阵**

水质指标	标准模式		向前逐步模式		向后逐步模式	
	湿润时期	干旱时期	湿润时期	干旱时期	湿润时期	干旱时期
水温	−0.96	−0.07	0.67	1.55	0.76	1.61
pH 值	145.66	145.34				
溶解氧	−6.76	−7.04	1.67	1.38	1.64	1.36
高锰酸盐指数	0.93	0.49	1.28	0.77	1.31	0.80
五日生化需氧量	−0.76	−0.78				

续表

水质指标	标准模式		向前逐步模式		向后逐步模式	
	湿润时期	干旱时期	湿润时期	干旱时期	湿润时期	干旱时期
总磷	13.49	13.54				
氨氮	4.54	4.38				
氟化物	2.88	5.11				
砷	3954.88	3200.47	1848.33	1262.71		
挥发酚	−367.72	−295.66				
粪大肠杆菌	−0.04	−0.03				
常数	−549.00	−557.85	−16.79	−27.35	−15.67	−26.82

表 3.11　　　　　　　　　　判别函数分类矩阵

监测区域		准确率/%	空间类别		监测时期	准确率/%	时间类别	
			高污染	低污染			湿润时期	干旱时期
标准模式	高污染	81.25	78	18	湿润时期	95.00	114	6
	低污染	97.92	3	141	干旱时期	96.67	4	116
	研究区域	91.25	81	159	研究时段	95.83	118	122
向前逐步模式	高污染	80.21	77	19	湿润时期	94.17	113	7
	低污染	97.92	3	141	干旱时期	97.50	3	117
	研究区域	90.83	80	160	研究时段	95.83	116	124
向后逐步模式	高污染	80.21	77	19	湿润时期	94.17	113	7
	低污染	97.92	3	141	干旱时期	96.67	4	116
	研究区域	90.83	80	160	研究时段	95.42	117	123

　　利用箱型图比较了判别分析得到的显著指标的时空模式差异（图 3.3 和图 3.4）。对于空间变化而言，高污染区域的 pH 值相对较低，这表明了酸性物质的水解使得该区域 pH 值降低（Xu et al.，2015）；该区域的高锰酸盐指数和五日生化需氧量浓度较高，这表明该区域的有机污染问题更为严重；此外该区域的氨氮含量也相对较高，这说明其富营养化的潜在威胁更大；最后该区域氟化物的含量也相对较高，这表明该区域氟化物背景浓度较高，同时地下水入流占了这些小河流水量很大一部分比例。

总的来说，高污染区域的环境问题更为严重，需要引起社会及政府部门的更多关注。

对于时间变化而言，水质指标温度、溶解氧及高锰酸盐指数在不同时期存在显著差异。受气候条件影响，干旱时期（11 月至次年 4 月）水温低于湿润时期（5—10 月）；溶解氧与水温存在相反的变化趋势。这可以解释为，随着水温上升，微生物活性增强，因此溶解氧消耗量增加；在湿润时期，由于河流水量相对较大，高锰酸盐指数含量较低。

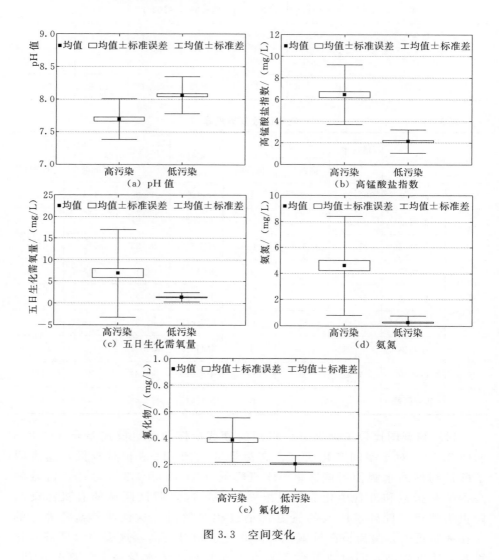

图 3.3　空间变化

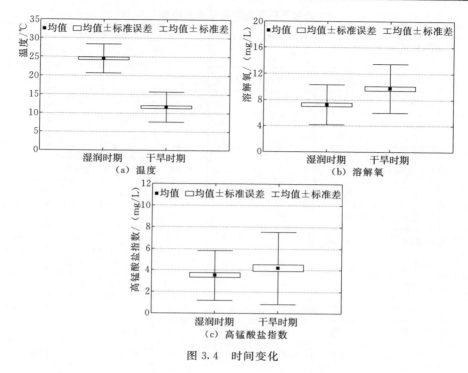

图 3.4　时间变化

3.5　污染源分析

污染源分析结果可有效指导区域水环境的治理与修复，一般而言，其主要涉及潜在污染源识别和污染源贡献率分析两方面的问题。这里首先采用因子分析对主要污染源进行了识别，之后利用主成分多元回归的方法确定了各个污染来源的贡献率。

3.5.1　潜在污染源识别

采用因子分析对空间上两个不同类别（高污染和低污染）进行了污染源识别。分析时采用标准化后的对数变换数据，表 3.12 中统计了两个不同类别的因子分析结果。基于特征值大于 1 的评判标准，即仅仅当特征值大于 1 时，所对应的主成分才是有意义的（卜红梅 等，2009）。据此在高污染区域提取了 3 个旋转因子，在低污染区域提取了 4 个旋转因子，其分别能解释总变量 66.96% 和 71.2% 的变化。因子负载被划分为强、中、弱三种类型，对应绝对因子荷载值分别为大于 0.75、在 0.75～0.50 之间和在 0.50～0.30 之间（Liu et al.，2003）。

表 3.12 两种不同类别的因子分析结果

水质指标	高污染区域			低污染区域			
	因子1	因子2	因子3	因子1	因子2	因子3	因子4
水温	0.16	0.40	**−0.79**	0	−0.16	**0.81**	−0.24
pH 值	*−0.57*	−0.09	−0.39	0.08	**0.85**	0.09	−0.11
溶解氧	*−0.70*	−0.23	0.19	0.06	**0.78**	−0.34	−0.11
高锰酸盐指数	**0.77**	0.19	0.08	**0.84**	−0.09	0.26	−0.01
五日生化需氧量	**0.80**	−0.18	0.12	**0.80**	0.06	−0.22	−0.09
总磷	*0.73*	0.46	0.26	**0.80**	−0.01	0.02	0.27
氨氮	**0.81**	0.16	0.31	0.49	−0.33	−0.20	*0.52*
氟化物	0.20	0.15	**0.80**	−0.04	0.01	−0.15	**0.88**
砷	−0.04	**0.86**	0	0.31	−0.06	*0.55*	0.48
挥发酚	0.33	*0.65*	−0.08	−0.06	−0.10	**0.75**	0.02
粪大肠杆菌	*0.74*	0.11	−0.18	0.30	*−0.73*	0.22	−0.15
特征值	3.96	1.72	1.68	2.43	2.02	1.84	1.53
方差/%	36.03	15.64	15.29	22.13	18.39	16.73	13.95
累计方差/%	36.03	51.67	66.96	22.13	40.52	57.25	71.20

注 黑体表示强荷载，斜体表示中度荷载。

高污染区域的3个主因子中，因子1解释了36.03%的变化，与高锰酸盐指数、五日生化需氧量及氨氮有强烈的正相关，与pH值和溶解氧有中度负相关，与总磷和粪大肠杆菌有中度正相关。高锰酸盐指数常被当作工业废水以及未经处理生活污水中有机污染的指示物（Singh et al.，2005）。作为有机物氧化还原反应的主要控制条件之一，pH值能够控制水体中高锰酸盐指数的含量（Zilberbrand et al.，2001；Jain，2002）。高浓度的营养物质（氨氮和总磷）一般来自农业径流、市政废水以及化肥厂污水（Yang et al.，2010）。粪大肠杆菌一般与城市污水以及畜牧业废水有关（Juahir et al.，2011）。因此因子1可以解释为一种典型的混合污染，其中既包含点源污染，例如工业废水和生活污水，又包含与农业活动有关的非点源污染（Huang et al.，2010）。此外该因子还表征了一个与氧有关的过程，其与溶解氧负相关，与五日生化需氧量正相关，这可以解释为当河流中有机物质在以氧气为代价的氧化作用下，随着溶解氧减少，五日生化需氧量溶度增加（Kannel et al.，2008）。因子2解释了15.64%的变化，与砷强烈正相关，与挥发酚有中度正相关。砷主要来源于玻璃、颜料、原药、纸张生产和煤的燃烧等过程，挥发酚则主要来源于造纸行业及化工工厂,因此这个因子主要代表了化工活动有关的污染。现场调查表明,该区域有几个造纸厂,例如丹江口市第一造纸厂和郧阳区郧阳造纸厂。然而由于存在严重的水污染问题,有的需要搬迁,有的需要关停。因子3解释了15.29%的变化,与温度强烈负相关,与氟化物强烈正相关。氟化物一般来自水泥厂、氟化工厂以及冶炼厂。然而在该区域氟化物含量在大多数监测点都低于1.0mg/L,这表明在该区域氟化物低污染或者无污染,这么小量的氟化物可能通过土壤进入河流,因此本项代表自然影响或者较少人类影响(Chen et al.,2013)。

低污染区域的4个主因子中,因子1解释了22.13%的总变化,与高锰酸盐指数、五日生化需氧量及总磷有强烈的正相关。这个因子包含了有机污染和营养污染,因此可以归因于工业废水和生活污水。因子2解释了18.39%的变化,与pH值和溶解氧有强烈正相关。因此该因子反映了水体的物理化学条件和生物学状态,可以解释为与氧有关的有机污染(Zhang et al.,2009)。pH值和DO之间呈现正相关关系,这可以解释为,随着水体中有机物对溶解氧的消耗,其将经历厌氧发酵过程,这个过程将产生氨及有机酸,这将使得pH值降低(Huang et al.,2010)。该因子还与粪大肠杆菌有中度负相关,因此主要来源于畜牧场废水与生活污水(Zhang et al.,2009)。因子3解释了16.73%的变化,与温度和挥发酚有强烈的正相关,与砷中度正相关。砷和挥发酚在该区域所有监测点含量都很低,分别低于0.05 mg/L和0.002 mg/L,因此代表自然影响或者较少人类影响。因子4解释了13.95%的变化,与氟化物有强烈的正相关,与氨氮有中度正相关。一般而言,氨氮反应水体的含氮水平和营养状况,主要来源于生活废水或者农业径流(Singh et al.,2005)。类似于高污染区域,本区域氟化物含量同样低于1.0mg/L,这么小量的氟化物可能通过土壤进入河流。

从污染物质组成角度看,研究区域可以识别出4种类型的污染。其中包括有机污染、营养污染、化工污染及自然污染。基于这些信息可以进一步识别污染物的来源。具体而言,有机污染一般代表了点源的影响,比如工业废水、生活污水以及当地畜牧业排水;营养污染则来源于与农业活动有关的非点源污染以及市政生活污水和肥料厂废水等的点源污染;化工污染主要来源于化工活动排放的废水。自然污染主要代表水体的季节性变化的影响,如水温的变化。前面的分析表明高污染和低污染区域均主要受到工业废水和生活污水的影响。此外在高污染区域多识别出一个反映化工活动污染的因子,而在低污染区域则多识别出一个有氧消耗的有机污染以及一个营养污染的因子,说明高污染区域还受到化工废水的影响,而低污染区域则还受到畜牧业以及农业活动的影响。

此外,还利用因子分析方法分析时间变化对于潜在污染源的影响

（表 3.13）。结果表明高污染区域污染来源在时间上差异上较为显著，这主要是由于该区域河流水量相对较小。在湿润时期，一个反映农业活动非点源污染的营养因子被识别出来。这主要是受该时期农业灌溉活动的影响，使得许多未被作物吸收的营养物质随降雨径流进入河道。然而在低污染区域，时间上的差异较小。由于该区域工业和生活污染相对较小，农业非点源污染所占比例相对较大，因此两个时期都能识别出该因子。

表 3. 13　　　　　　　　　　湿润时期和干旱时期污染源识别结果

		因子 1	因子 2	因子 3	因子 4	因子 5
高污染区域	湿润时期	营养污染	有机污染	自然污染	化工污染	
	干旱时期	营养污染＋有机污染	化工污染	自然污染		
低污染区域	湿润时期	有机污染＋营养污染（P）	有机污染（O）	自然污染	营养污染（N）	自然污染
	干旱时期	有机污染＋营养污染（P）	有机污染（O）	营养污染（N）	自然污染	

3.5.2　污染源贡献率分析

在识别了主要潜在污染来源之后，利用主成分多元回归分析法计算了各个污染来源的贡献率。多元回归分析的相关系数相对较高，这说明该方法可以用于污染源贡献率的分配（Simeonov et al.，2003）。由表 3.14 和表 3.15 可知，高污染区域主要受到工业废水、生活污水及农业活动污染组成的混合污染（高锰酸盐指数，63.1%；五日生化需氧量，92.0%；总磷，51.9%；氨氮，72.7%）、化工活动污染（砷，71.8%；挥发酚，86.3%）以及自然因素的影响。低污染区域的河流主要受到工业废水和生活污水（高锰酸盐指数，59.1%；五日生化需氧量，73.6%；总磷，67.8%）、畜牧场废水污染（粪大肠杆菌，60.1%）、农业活动污染（氨氮，44.5%）以及自然因素的影响。由于在两个区域未解释的污染源同样对大多数水质变化有着贡献，比如高污染区域贡献率为 0~17.8%，低污染区域贡献率为 0~14.2%，因此有必要开展现场调查以进一步识别污染源。

表 3. 14　　　　　　　　　　高污染区域污染来源贡献率

水质指标	未解释	来源 1	来源 2	来源 3	R^2
水温	11.8	—	—	88.2	0.82
pH 值	13.2	51.3	1.4	34.1	0.49

续表

水质指标	未解释	来源 1	来源 2	来源 3	R^2
溶解氧	—	77.6	22.4		0.58
高锰酸盐指数	0.9	63.1	26.8	9.2	0.64
五日生化需氧量	1.6	92.0	—	6.4	0.69
总磷	6.5	51.9	30.6	11.0	0.80
氨氮	0.5	72.7	5.2	21.6	0.79
氟化物	—	—	16.4	83.6	0.70
砷	17.4	10.3	71.8	0.5	0.74
挥发酚	—	13.7	86.3	—	0.55
粪大肠杆菌	17.8	70.9	11.3		0.59

注 来源 1＝工业废水、生活污水及农业活动污染，来源 2＝化工活动污染，来源 3＝自然因素。

表 3.15   **低污染区域污染来源贡献率**

水质指标	未解释	来源 1	来源 2	来源 3	来源 4	R^2
水温	1.3	—		98.7	—	0.75
pH 值	—		90.6	9.4		0.75
溶解氧	7.1	13.7	79.2			0.74
高锰酸盐指数	9.8	59.1	—	15.3	15.8	0.77
五日生化需氧量	—	73.6	26.4			0.70
总磷	10.1	67.8	—		22.1	0.72
氨氮	12.0	43.5	—		44.5	0.67
氟化物	—	—	19.9		80.1	0.80
砷	—	30.0	—	37.4	32.6	0.67
挥发酚	3.3	—		87.8	8.9	0.58
粪大肠杆菌	14.2		60.1	—	25.7	0.70

注 来源 1＝工业废水、生活污水，来源 2＝畜牧场废水污染，来源 3＝自然因素，来源 4＝农业活动污染。

3.6 本章小结

本章采用模糊综合评价方法及多元统计分析方法对丹江口库区污染源进行了分析，主要得到如下结论：

（1）采用超标倍数法赋权、叠加隶属度或者加权海明距离法进行模糊模式识别的模糊评价组合模型相对更适合于研究区的水质评价。由于后者计算相对简便，因此被用于本研究的水质评价中。评价结果表明，10 条主要入库干支流中汉江、天河、滔河及丹江水质状况全年都较好（除天河 2 月为Ⅲ类外，其余为Ⅰ类）；然而犟河、神定河、泗河、剑河水质全年都较差，主要为Ⅴ类；浪河和老灌河在 4—8 月期间水质相对较差。

（2）10 条主要入库干支流被分为两类，高污染区域（犟河、神定河、泗河、剑河）和低污染区域（其他河流），高污染区域大多是一些通过城市区域且集水面积较小的支流；同样将 12 个月也分为两类，干旱时期（11 月至次年4 月）和湿润时期（5—10 月），由于工业废水及生活污水年内排放量差异不大，水质指标没有呈现出显著的季节性变化特征。

（3）pH 值、高锰酸盐指数、五日生化需氧量、氨氮及氟化物能反应两个区域水质的空间差异，而温度、溶解氧及高锰酸盐指数能反应两个时间段上的差异。

（4）因子分析识别出有机污染、营养污染、化工污染及自然污染四种污染，由此分析出高污染和低污染区域均主要受到工业废水和生活污水的影响，此外高污染区域还受到化工废水的影响，而低污染区域则还受到畜牧业以及农业活动的影响。

（5）主成分多元回归分析法可用于研究区污染源贡献率的分配。

第4章　组合调水工程对库区的影响预测

组合调水工程的开展势必改变库区原有的水文情势，从而对库区水温结构及水质状况产生一定的影响。科学合理地判断组合调水工程的影响，对调水的开展以及库区生态环境的保护具有重要的意义。本章首先构建水库三维环境流体动力学模型，进行了参数率定和模型验证；其次为区分不同水利工程的影响设定了四种不同的预测情景；最后对比分析了不同情景下库区流场、水温结构、下泄水温、水质空间分布及下泄水质的变化，从而揭示了不同水利工程的水环境效应。

4.1　库区环境流体动力学模型构建

由于大型水库边界条件和水体流动复杂，计算区域不规则，为模型的稳定性以及收敛性带来了很大的困难，因此有必要利用已有的实测资料进行模型参数率定和模型验证。本节利用丹江口水库的实测资料对水库环境流体动力学模型进行了糙率、热源参数以及水质参数的率定，同时进行了库区水位、水温结构和水质变化的验证。

4.1.1　数据资料及模型前处理

丹江口水库于 1969—1980 年期间开展了库区水温监测工作，收集了该时期的库区坝前水温垂线资料。为了开展水质的模拟与预测，收集了 2010—2013 年库区坝上站、凉水河站及陶岔站水质月度整编资料。为了进行流场的模拟，还收集了同时期水文资料，包括汉江入流站点白河水文站和丹江入流站点紫荆关水文站的日流量及水温资料、水库的出库日流量资料以及坝上龙王庙日水位数据。模型所需要的气象条件（气温、气压、相对湿度、降雨、蒸发、风速和风向）采用库区内的郧阳区气象站同时期的观测资料。此外还收集了库区的水下地形及调度运行资料。

模型采用了水平曲线正交网格。网格敏感性分析表明，网格越精细，模型模拟效果越好，但是会需要更多的计算机时。综合考虑模型精度和效率，选择了图 4.1 所示的网格图。在水平方向上，其由 1500 个网格组成，网格大小介于 0.2～1.7km 之间。在垂向上考虑了 40 层网格。模型运行时间步长是 4min。

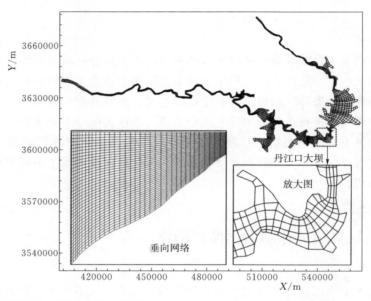

图 4.1　丹江口水库网格图（X 轴表示正东方向，Y 轴表示正北方向）

4.1.2　参数率定

选取了 1974 年 4 月—1975 年 3 月（丰水年）、1970 年 4 月—1971 年 3 月（平水年）、1977 年 4 月—1978 年 3 月（枯水年）3 个典型年的坝前实测水温资料进行了水温参数的率定。受资料限制，水质模型的模拟、验证以及后面的预测分析仅就平水年进行分析。利用了 2010 年 4 月—2011 年 3 月（平水年）库区坝上站、凉水河及陶岔站水质资料进行水质模型参数的率定。采用了同时期的水库坝前日平均水位进行了水动力学模型的参数率定。模型模拟效果的好坏利用平均误差（MSE）、绝对误差（MAE）、均方根误差（RMSE）以及相对误差（MRE）进行分析。

$$MSE = \frac{\sum (P_i - Q_i)}{n} \qquad (4.1)$$

$$MAE = \frac{\sum |P_i - Q_i|}{n} \qquad (4.2)$$

$$\text{RMSE}=\sqrt{\frac{\sum(P_i-Q_i)^2}{n}} \tag{4.3}$$

$$\text{MRE}=\sum\frac{|P_i-Q_i|}{nQ_i} \tag{4.4}$$

式中：P_i、Q_i 分别为模型预测值和实测值；n 为实测数据个数。

图 4.2 比较了平水年（1970 年 4 月—1971 年 3 月）坝前断面日平均水位实测值与模拟值，表 4.1 中统计了几个典型年的水位模拟的误差。从图 4.2 和表 4.1 可以看出，在不同典型年相对误差不大于 0.35%，模型整体模拟效果较好，流场计算的准确性可保证。

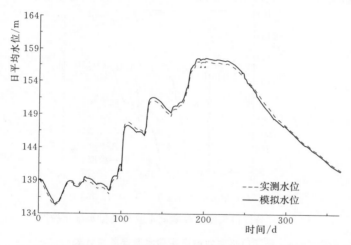

图 4.2 平水年丹江口水库坝前断面日平均水位实测值与模拟值比较图

表 4.1 丹江口水库坝前水位模拟误差统计

统计值	丰水年	平水年	枯水年
率定期（年.月）	1974.04—1975.03	1970.04—1971.03	1977.04—1978.03
绝对误差/m	0.35	0.44	0.52
相对误差/%	0.28	0.3	0.35

图 4.3 给出了坝前断面在不同典型年不同时期的实测水温与模拟水温的结果比较，表 4.2 为率定期水温的误差统计表。从图 4.3 和表 4.2 中可以看出，不同典型年水温的平均误差变化范围为 $-0.13\sim0.15\,℃$、绝对误差及均方根误差均不大于 $0.5\,℃$，模拟结果与实测值基本一致，这表明 EFDC 模型能较好地模拟库区不同时期水库的水温变化。

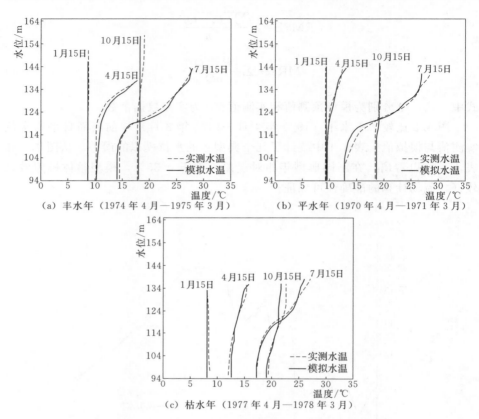

（a）丰水年（1974 年 4 月—1975 年 3 月）　　　（b）平水年（1970 年 4 月—1971 年 3 月）

（c）枯水年（1977 年 4 月—1978 年 3 月）

图 4.3　丹江口水库坝前实测水温与模拟水温比较图

表 4.2　　　　　　　　　丹江口水库坝前率定期水温误差统计表

统计值	丰水年	平水年	枯水年
率定期（年.月）	1974.04—1975.03	1970.04—1971.03	1977.04—1978.03
n	153	146	143
平均误差/℃	0.15	−0.13	−0.11
绝对误差/℃	0.48	0.50	0.48
均方根误差/℃	0.42	0.46	0.39

图 4.4～图 4.6 给出了库区坝上站、陶岔站及凉水河站的高锰酸盐指数、氨氮及总磷的实测值与计算值的比较，表 4.3 为水质的误差统计表。高锰酸盐指数的绝对误差以及均方根误差不大于 0.22mg/L，相对误差不大于 9.6%；氨氮的绝对误差以及均方根误差不大于 0.012mg/L，相对误差不大于 14.1%；总磷的绝对误差以及均方根误差不大于 0.0032mg/L，相对误差不大于 14.2%，计算结果与实测值拟合较好，说明该模型能较好地模拟库区水质的时空变化。

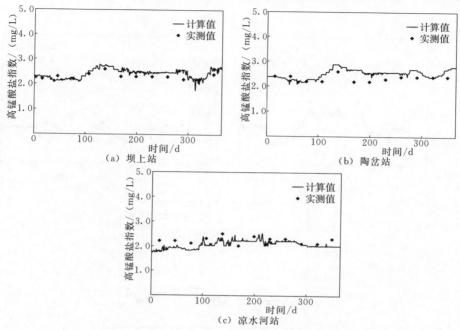

图 4.4　率定期（2010 年 4 月—2011 年 3 月）高锰酸盐指数实测值与计算值比较图

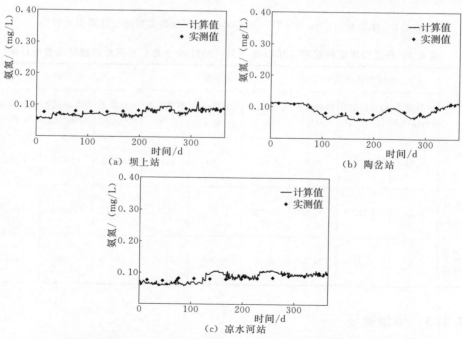

图 4.5　率定期（2010 年 4 月—2011 年 3 月）氨氮实测值与计算值比较图

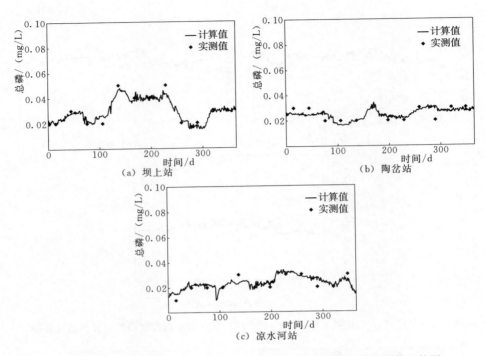

图 4.6　率定期（2010 年 4 月—2011 年 3 月）总磷实测值与计算值比较图

表 4.3　丹江口库区率定期（2010 年 4 月—2011 年 3 月）不同水质指标误差统计表

站点	高锰酸盐指数			氨　氮			总　磷		
	绝对误差 /(mg/L)	均方根误差 /(mg/L)	相对误差 /%	绝对误差 /(mg/L)	均方根误差 /(mg/L)	相对误差 /%	绝对误差 /(mg/L)	均方根误差 /(mg/L)	相对误差 /%
坝上站	0.16	0.10	8.2	0.012	0.01	14.1	0.0028	0.0019	10.1
陶岔站	0.22	0.15	9.6	0.009	0.007	9.4	0.0032	0.0029	14.2
凉水河站	0.16	0.11	8.9	0.01	0.008	12.2	0.00028	0.00030	14.1

4.1.3　模型验证

另外选取了 3 个典型年，1975 年 4 月—1976 年 3 月（丰水年）、1973

年 4 月—1974 年 3 月（平水年）、1978 年 4 月—1979 年 3 月（枯水年）的坝前断面实测水温数据进行了水温模拟的验证。采用了 2012 年 4 月—2013 年 3 月（平水年）库区坝上站、凉水河及陶岔站的水质资料进行了水质模型的验证，采用了同时期的水库坝前日平均水位进行了水动力学模型的模型验证。

图 4.7 比较了平水年（1973 年 4 月—1974 年 3 月）坝前断面日平均水位实测值与模拟值，表 4.4 中统计了 3 个典型年的水位模拟误差，在不同水文年相对误差不大于 0.39%，模型模拟效果较好，可以用于水库水动力学预测。

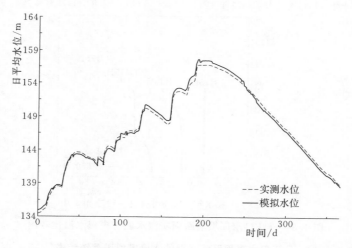

图 4.7　平水年丹江口水库坝前断面日平均水位实测值与模拟值比较图

表 4.4　　　　　　丹江口水库区验证期的水位模拟误差统计表

统计值	丰水年	平水年	枯水年
验证期/（年.月）	1975.04—1976.03	1973.04—1974.03	1978.04—1979.03
绝对误差/m	0.44	0.50	0.60
相对误差/%	0.33	0.35	0.39

丹江口库区验证期 3 个典型年坝前断面实测水温和模拟水温的比较见图 4.8，模拟验证的误差统计见表 4.5。验证期 3 个典型年计算水温与实测水温的平均误差范围为 $-0.25 \sim 0.16℃$，绝对误差不大于 0.72℃，均方根误差不大于 0.52℃。总的来说，丹江口水库计算坝前垂向水温和观测值拟合得较好，该模型可以用于预测库区的水温结构变化。

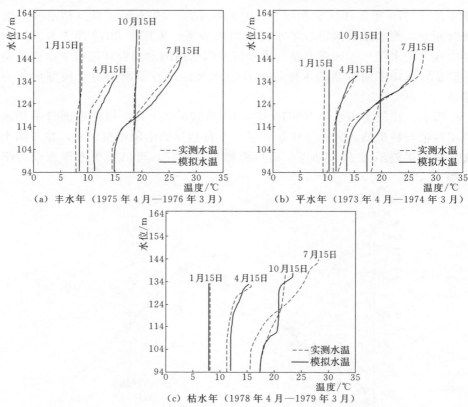

图 4.8　丹江口水库坝前断面实测水温与模拟水温比较图

表 4.5　　　　　　　丹江口水库坝区验证期的水温模拟误差统计表

统计值	丰水年	平水年	枯水年
验证期（年.月）	1975.04—1976.03	1973.04—1974.03	1978.04—1979.03
n	137	165	123
平均误差/℃	0.16	−0.25	0.16
绝对误差/℃	0.53	0.72	0.54
均方根误差/℃	0.45	0.52	0.41

　　图 4.9～图 4.11 给出了库区坝上站、陶岔站及凉水河站的高锰酸盐指数、氨氮及总磷的实测值与计算值比较，表 4.6 为水质的误差统计结果。高锰酸盐指数的绝对误差以及均方根误差不大于 0.23mg/L，相对误差不大于 9.9%，氨氮的绝对误差以及均方根误差不大于 0.025mg/L，相对误差不大于 21.9%，总磷的绝对误差以及均方根误差不大于 0.0032mg/L，相对误差不大于 17.5%。总的来说，计算值与实测值拟合较好，这说明该模型能用于预测库区水质的时空变化。

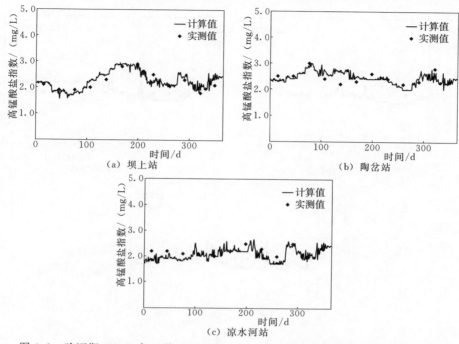

图 4.9　验证期（2012 年 4 月—2013 年 3 月）高锰酸盐指数实测值与计算值比较

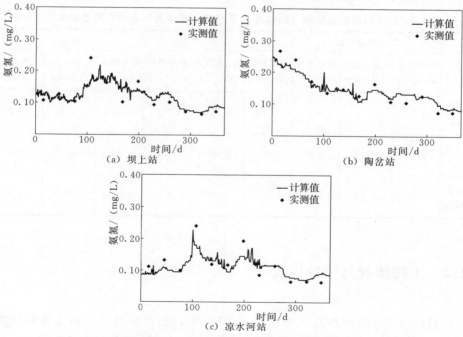

图 4.10　验证期（2012 年 4 月—2013 年 3 月）氨氮实测值与计算值比较

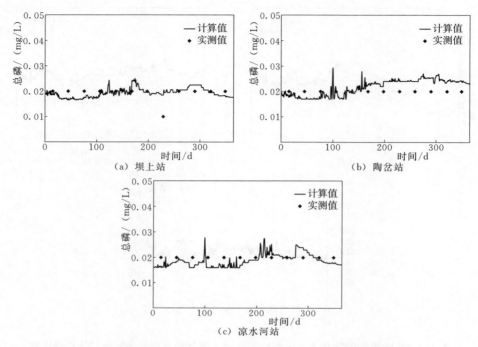

（a）坝上站　　　　　　　　　　　（b）陶岔站

（c）凉水河站

图 4.11　验证期（2012 年 4 月—2013 年 3 月）总磷实测值与计算值比较

表 4.6　丹江口库区验证期（2012 年 4 月—2013 年 3 月）不同水质指标误差统计表

站点	高锰酸盐指数			氨氮			总磷		
	绝对误差 /(mg/L)	均方根误差 /(mg/L)	相对误差 /%	绝对误差 /(mg/L)	均方根误差 /(mg/L)	相对误差 /%	绝对误差 /(mg/L)	均方根误差 /(mg/L)	相对误差 /%
坝上站	0.21	0.14	9.1	0.004	0.022	17.5	0.0022	0.0021	14.7
陶岔站	0.23	0.16	9.9	0.014	0.009	14.2	0.0032	0.00016	17.5
凉水河站	0.19	0.13	9.2	0.025	0.019	21.9	0.0028	0.0018	15.5

4.2　工程概况与情景设置

丹江口水库大坝加高工程完成于 2010 年，加高后的丹江口水库将作为南水北调中线工程和鄂北调水工程的水源地。除了这两个调水工程以外，汉江上游的引汉济渭工程也会对丹江口水库库区水环境产生影响，这里综合考虑这三个调水工程的影响，简称为组合调水工程。另外，为了缓解这些调水工程对下游河道的生态影响，下游规划兴建王甫州、新集、崔家营、雅口、碾盘山和兴隆等六个水利枢纽工程，其中王甫州和崔家营水利枢纽工程分别完成于 2000 年和 2010 年，由于资料有限，这里主要以这两个水利枢纽为代表，分析下游水利枢纽工程的作用。此外，同样为缓解调水对下游河道的影响，2010 年在长江荆江河段开始兴建引江济汉工程，计划将长江水引到兴隆水利枢纽以下河段。本研究分析了这一系列水利工程对丹江口水库库区和汉江中下游河道的影响，设定的情景同时适用于丹江口水库库区及下游河道的模拟。尽管王甫州和崔家营水利枢纽工程、引江济汉工程主要影响丹江口水库下游河道水生态环境状况，但是这里一起进行工程概况的介绍，并依此进行情景的设置。

4.2.1　工程概况

这里主要介绍模型计算中考虑的南水北调中线工程、鄂北调水工程、引汉济渭工程及引江济汉工程四个调水工程和丹江口水利枢纽、王甫洲水利枢纽及崔家营水利枢纽三个水利枢纽工程。

1. 调水工程

（1）南水北调中线工程。南水北调中线工程由汉江中上游的丹江口水库引水，重点解决北京、天津、河北、河南 4 个省（直辖市），沿线 20 多座大中城市的缺水问题，并兼顾沿线生态环境和农业用水，干渠总长达 1277km。中线一期工程平均每年可调水 95 亿 m^3，远期将达到年均 130 亿 m^3。工程的整体目标是在不降低丹江口库区、汉江中下游地区生态环境质量，不降低汉江中下游干流供水区供水保证程度的原则下，实现跨流域调水及水资源优化配置，缓解京津及华北地区水资源供需的尖锐矛盾，为国民经济可持续发展提供可靠的支撑。可调水量是在充分考虑汉江流域内各用水部门未来用水增长的基础上，结合北方缺水状况进行合理调水。汉江丹江口水库以上，1956—1998 年平均天然入库水量 387.8 亿 m^3，扣除相应水平年上游地区的规划耗水量和丹江口水库的蒸发渗漏损失，推算得丹江口水库 2010 年和 2030 年水平年的年均水量分别为 362 亿 m^3 和 356.4 亿 m^3。根据水源条件、工程方案、汉江中下游供水量等计算能够调出的水量，加高大坝调水方案在总干渠渠首设计流量 $350m^3/s$ 的条件下，多年平均可调水量为 95 亿 m^3，95% 保证率的年可调水量为 61.7 亿 m^3；渠首设计流量 630 m^3/s 的条件下，年均可调水量为 121 亿 m^3，年最大可调水量为 140 亿 m^3。

中线工程输水干线布置在黄淮海平原西部，地势西南高、东北低，全线可自流输水。沿线的大中城市大都位于总干渠东侧,可就近自流供水,并可通过天津管涵向天津供水。总干渠明渠加局部管道输水与天然河流全部立交,并进行全断面衬砌,可保证将优质水源输送到京津及华北地区,满足城市生活用水对水质的要求。丹江口水利枢纽按正常蓄水位 170m 方案动工兴建。施工过程中改为分期建设,水下工程按 170m 方案完成,在工程技术和库边建设问题上,都为后期工程做了安排。丹江口水利枢纽初期工程,正常蓄水位为 157m,坝顶高程为 162m。大坝加高工程正常蓄水位为 170m,混凝土坝坝顶高程为 176.6m,两岸土石坝坝顶高程加至 177.6m。中线工程总干渠从河南省淅川县陶岔渠首开始,渠线大部位于嵩山、伏牛山、太行山山前、京广铁路以西。渠线经过河南、河北、北京、天津 4 个省(直辖市),跨越长江、淮河、黄河、海河四大流域,线路总长 1431.75km,其中陶岔渠首至北拒马河段长 1196.167km,采用明渠输水方案,渠道采用梯形过水断面,并对全断面进行衬砌,防渗减糙;北京段长 80.052km,采用 PCCP 管和暗涵相结合的输水形式;天津干线长 155.531km,采用暗涵输水形式。总干渠渠首设计流量为 350m³/s,加大流量为 420m³/s,穿黄河设计流量为 265m³/s、加大流量为 320m³/s,北拒马河(进北京)设计流量为 50m³/s,加大流量为 60m³/s,天津干线渠首设计流量为 50 m³/s、加大流量为 60 m³/s。

(2)鄂北调水工程。鄂北地区泛指湖北省武当山、大洪山、桐柏山与大别山南麓余脉双峰山之间的区域,涉及襄阳市的老河口市、樊城区、襄州区、东津新区、枣阳市,随州市的随县、曾都区、广水市和孝感市的大悟县,分属汉江流域和府澴河流域上游,主要水系有汉江、唐白河和府澴河。按照水资源分区,鄂北地区可划分为唐西地区(唐白河以西)、唐东地区(唐白河以东)、随州府澴河北区和大悟澴水区。特殊的地理位置形成特有的区域水资源条件,鄂北地区是历史上有名的"旱包子",水资源紧缺一直是制约当地社会经济发展的主要瓶颈。

鄂北调水工程任务以城乡生活、工业供水和唐东地区农业供水为主,通过退还被城市挤占的农业灌溉和生态用水量,改善该地区的农业灌溉和生态环境用水条件。鄂北调水工程以丹江口水库为水源,以清泉沟输水隧洞进口为起点,线路自西北向东南横穿鄂北岗地,终点为大悟县王家冲水库,线路全长 269.67km。供水范围为唐河以东地区、随州府澴河北区及大悟澴水区,行政区划涉及襄阳市的襄州区、枣阳市,随州市的随县、曾都区及广水市,孝感市的大悟县。受水区设计灌溉面积为 363.5 万亩。工程设计水平年(2030 年)清泉沟渠首总引水量为 13.98 亿 m³,在保障唐西引丹灌区供水 6.28 亿 m³ 的基础上,向鄂北地区多年平均供水 7.70 亿 m³。由于工程建设需要,将永久征收土地 4931 亩,临时征用土地 29481 亩,搬迁人口 1233 人,拆迁各类房屋

9.85万m²。调水工程将由取水建筑物、输水明渠、暗涵、隧洞、倒虹吸、渡槽、节制闸、分水闸、检修闸、退水闸、排洪建筑物、公路（铁路）交叉及王家冲水库扩建工程等组成。

（3）引汉济渭工程。引汉济渭工程地跨黄河、长江两大流域，穿越秦岭屏障，主要由黄金峡水利枢纽、秦岭输水隧洞和三河口水利枢纽等三大部分组成。工程规划在汉江干流黄金峡和支流子午河分别修建水源工程黄金峡水利枢纽和三河口水利枢纽蓄水，经总长98.3km的秦岭隧洞送至关中。工程供水范围为西安、宝鸡、咸阳、渭南等沿渭大中城市，主要解决城市生活、工业生产用水问题。工程总调水规模为15亿m³，其中从汉江支流子午河自流调水5亿m³，从汉江干流黄金峡水库提117m引水10亿m³；工程设计最大输水流量为70m³/s，水库总库容为7.39亿m³。

黄金峡水利枢纽是引汉济渭工程的两个水源之一，也是汉江上游梯级开发规划的第一级。坝址位于汉江干流黄金峡锅滩下游2km处，控制流域面积1.71万km²，多年平均径流量为76.17亿m³。拦河坝为混凝土重力坝，最大坝高68m，总库容为2.29亿m³。三河口水利枢纽为引汉济渭工程的另一个水源，是整个调水工程的调蓄中枢。坝址位于佛坪县与宁陕县交界的子午河峡谷段，在椒溪河、蒲河、汶水河交汇口下游2km处，坝址断面多年平均径流量为8.70亿m³。拦河坝为碾压混凝土拱坝，最大坝高145m，总库容为7.1亿m³。秦岭输水隧洞全长98.30km，设计流量为70m³/s，分黄三段和越岭段。黄三段进口位于黄金峡水利枢纽坝后左岸，出口位于三河口水利枢纽坝后约300m处控制闸，全长16.52km。越岭段进水口位于三河口水利枢纽坝后右岸控制闸，出口位于渭河一级支流黑河右侧支沟黄池沟内，全长81.779km。

（4）引江济汉工程。引江济汉工程是从长江上荆江河段附近引水至汉江兴隆河段、补济汉江下游流量的一项大型输水工程。工程的主要任务是向汉江兴隆以下河段（含东荆河）补充因南水北调中线调水而减少的水量，同时改善该河段的生态、灌溉、供水和航运用水条件。引水线路从荆州区李埠镇长江龙洲垸河段引水到潜江市高石碑镇汉江兴隆段，干渠全长67.23km，其中东荆河通过长湖补水。工程以南水北调中线2010年调水95亿m³为设计条件，设计的引江济汉补水量为186.4m³/s。考虑了三峡建成运用后对长江河床的冲刷而引起进口水位下降（2m）的影响，渠道设计流量为350m³/s，最大引水流量为500m³/s，渠首补水泵站装机容量为12600kW（6台×2100kW），设计流量为200m³/s；2030年水平年考虑需水变化和长江河床进一步冲刷（进口水位下降3m）后，泵站需进行增容，设计流量为250m³/s。

2. 水利枢纽工程

（1）丹江口水利枢纽。丹江口水利枢纽位于湖北省丹江口市汉江干流与丹江汇合处下游800m，控制流域面积为75200km²，坝址处平均流量为1230m³/s，具有防洪、发电、灌溉、航运、水产养殖等综合效益。丹江口水利枢纽为汉江干流最大的水利工程，初期工程于1958年9月开工建设，1973年完成初期规模，坝顶高程为162m，正常蓄水位为157m，相应库容为174.5亿m³，调节库容为98亿m³。水库面积为745km²，回水线沿河道长度，汉江为177km，丹江为80km。总装机容量为90万kW，年发电量为38.3亿kW·h。

丹江口水库大坝加高工程完成于2010年，加高后水库正常蓄水位由157m提高到170m，其是国内规模最大的大坝加高工程，坝顶高程由162m增加到176.6m，正常蓄水位由157m抬高到170m，相应库容由174.5亿m³增至290.5亿m³，总库容由209.7亿m³增至339.1亿m³，通航能力由150t级提升至300t级。加高后的丹江口水库将作为南水北调中线工程和鄂北调水工程的水源地。

（2）王甫洲水利枢纽。王甫洲水利枢纽位于湖北省老河口市下游3km处，上距丹江口水利枢纽约30km处，控制流域面积75300km²，坝址处平均流量为1215m³/s。枢纽的任务以发电为主，结合航运、兼有灌溉、养殖、旅游等作用。王甫洲水利枢纽是汉江中下游衔接丹江口水利枢纽的第一座发电航运梯级。水库正常蓄水位为86.23m，相应库容为1.495亿m³，工程建成后增加了发电效益，也可作为丹江口水利枢纽的反调节水库；改善坝址上游通航条件，使丹江口至王甫洲河段达到Ⅴ级航道标准，保证老河口市已建的跨江老河口大桥下净空满足正常通航要求。工程总装机容量为109MW，年发电5.81亿kW·h。王甫洲水利枢纽为二等工程，永久性主要建筑物为3级，次要建筑物为4级，临时建筑物为5级。设计洪水标准为50年一遇，流量为18070m³/s；校核洪水标准为150年一遇，流量为22000m³/s；超过此标准与非常溢洪道共泄300年一遇洪水，流量为26962m³/s。

（3）崔家营水利枢纽。崔家营水利枢纽位于襄阳市下游17km处，控制流域面积130600km²，上距丹江口水利枢纽142km、王甫洲水利枢纽109km，下距河口515km，坝址处平均流量为1470m³/s，是以航运为主，兼顾发电，以电养航，综合利用的工程。崔家营航电枢纽是汉江中下游丹江口水利枢纽以下第三级枢纽工程。水库正常蓄水位为62.73m，相应库容为2.45亿m³，装机容量为96MW。崔家营枢纽属Ⅱ等工程，规模为大（2）型。枢纽配套建设了1000t级船闸，可改善库区段航道约30km通航条件。2008年12月，崔家营枢纽工程船闸建成通航，2009年4月第一台机组发电，2010年7月主体工程完工,6台机组全部投产运行。枢纽建筑物由船闸、电站、泄水闸和土坝组成。永久性主要建筑物的级别为 2 级,次要建筑物为 3 级,临时建筑物为 4 级。主要建筑物采用 50 年一遇洪水设计,相应流量为 19600m³/s;校核洪水标准为 300 年一遇,洪峰流量为 25380m³/s。

表 4.7 中列出了以上三个水利枢纽的水库特性资料。

表 4.7   **水 库 特 性 表**

水利枢纽	正常蓄水位/m	兴利库容/10⁶ m³	发电能力/MW
丹江口(加高后)	157 (170)	17450 (29050)	900
王甫洲	86.23	150	109
崔家营	62.73	245	96

4.2.2 情景设置

为了定量分析丹江口水库大坝加高工程、组合调水工程、下游水利枢纽工程和引江济汉工程联合运行对丹江口库区及汉江中下游水流、水温、水质及水生态的影响,需要开展一系列情景模拟预测与比较分析。这里设计了四种不同的情景:第一种情景不考虑大坝加高、组合调水工程、下游水利枢纽及引江济汉工程的作用,用作参照情景;第二种情景仅考虑大坝加高工程的影响,与第一种情况对比,可以体现大坝加高对库区及下游河道水流、水温及水质变化的作用;第三种情景同时考虑大坝加高工程及组合调水工程联合运行对库区及下游河道的影响,与情景二相比,可以体现组合调水工程的作用;第四种情景综合考虑大坝加高工程、组合调水工程、下游水利工程枢纽及引江济汉工程的影响,与情景三相比,可以体现下游水利工程枢纽及引江济汉工程这些补偿性工程措施的作用。由于情景四仅仅改变了汉江中下游水文条件,因此对于水库而言,情景三与情景四是相同的,主要对比分析情景一、情景二、情景三的差异。

库区的水流、水温及水质的计算采用了三维环境流体动力学模型,模型的输入资料包含了气象条件、水文条件、水温及水质数据。对不同情景而言,模型采用的气象条件、水温及水质数据是相同的,主要的差异体现在水文条件方面。其中对库区水温的计算采用了 1975 年 4 月—1976 年 3 月(丰水年)、1973 年 4 月—1974 年 3 月(平水年)、1978 年 4 月—1979 年 3 月(枯水年)的 3 个典型年汉江干流上白河站和支流丹江上紫荆关站的水温数据,而对水质的模拟则采用了 2012 年 4 月—2013 年 3 月(平水年)的库区十条主要入库干支流的水质监测资料。采用了实测水文数据进行了情景一的模拟计算,采用了大坝加高调水后的设计水文资料进行了情景二与情景三的模拟计算。不同情景下平水年所采用的水文条件如图 4.12 所示,对于四种情景,模拟情景一与情景二时采用相同的上边界条件 [图 4.12 (a)]，下边界条件采用不同的水库下泄水量 [图 4.12 (b)]；模拟情景三时由于考虑了引汉济渭工程，因此白河站入流量较情景一与情景二略有减少，由于同时考虑三大调水工程，水库下泄水量较情景一与情景二有了显著的降低。

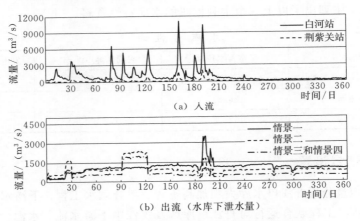

（a）入流

（b）出流（水库下泄水量）

图 4.12　四种情景下平水年模型采用的水文条件

4.3　组合调水工程对库区水环境影响预测

随着丹江口水库大坝加高工程和组合调水工程的开展，库区的水文条件将会发生显著的改变，由此将引发库区水温和水质的变化。这里依据设定的四种不同的情景，对库区流场、水温和水质进行了预测。通过情景间的比较分析，分析不同水利工程的影响，研究结果可为合理规划和管理组合调水工程提供一定的依据和参考。

4.3.1　库区流场的时空变化

图 4.13 为情景一在 8 月 15 日的库区流场图，从图中可以看出，其总体形态是沿入流点向出流点流动，但在丹江口水库库区由于有涡旋的存在使得库区内部出现了明显的掺混现象，这将有利于水体的交换。从流速分布可以看出，上游河道的流速明显大于库区中心地区。

图 4.14 显示的是四种不同情景下，坝上站的年内流速变化图。总体而言，大坝加高后库区水体由于水深变深，过水面积加大，流速变缓；而考虑调水工程后，库区流量减少，因此坝前流速进一步变缓。仅仅在 7 月份由于运行调度方式的变化，流速有一定程度增加。

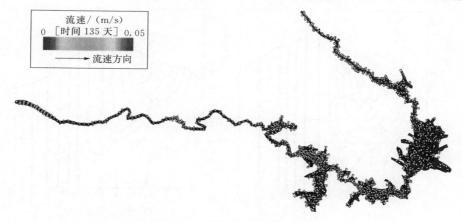

图 4.13　8 月 15 日库区流场图

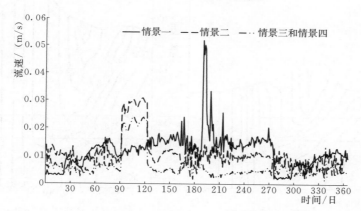

图 4.14　四种情景下坝上站的年内流速变化图

4.3.2　库区水温的时空变化

1. 库区水温结构变化

等温线图反映了水库的季节性热循环特性（图 4.15）。不同典型年及情景下水库水温结构十分类似，以平水年情景一［图 4.15（b）］的库区水温结构为例分析。在 11 月至次年 3 月水库近似等温分布，随着表层的加热，季节性分层开始于 4 月，在 5—10 月有一个明显的温跃层，水温梯度为 0.3～0.36℃/m；表层水温从 2 月的 8℃ 上升到 8 月的 28℃；底层低温层最小水温为 2 月的 8℃，最大水温出现时间相对于表层水温后移，为 9 月的 16℃。不同典型年来水条件下［图 4.15（a）～（c）］，库区水温结构主要差异在于枯水年温跃层底部位置（18℃ 的等温线）相对低，较丰水年下降了 7m 左右。这主要由于枯水年水库水面水位相对较低，库区水深相对较浅，因此表层热辐射能

69

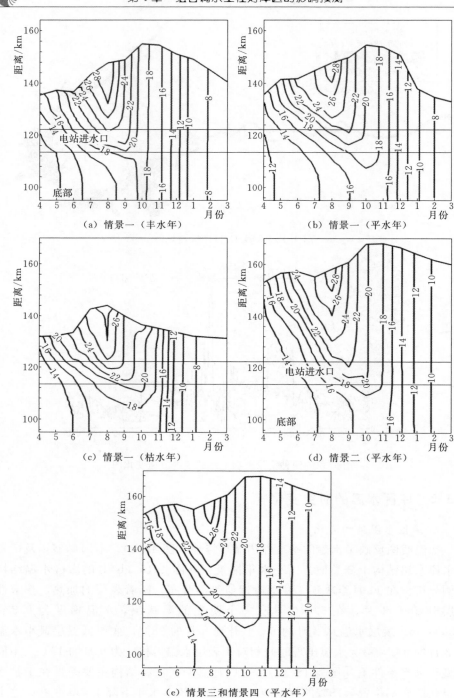

（a）情景一（丰水年）

（b）情景一（平水年）

（c）情景一（枯水年）

（d）情景二（平水年）

（e）情景三和情景四（平水年）

图 4.15　四种情景下不同典型年等温线图

影响到更靠近库底的水体。

在平水年的来水条件下，情景二较情景一库区温跃层水温梯度下降至 0.21～0.32℃/m，温跃层底部位置提高了约 2m，底层水温变幅也减少 2℃ ［图 4.15（b）和（d）］。这说明了水库大坝加高后，由于库区水体变深，一方面 与上层水体热交换相对减弱，另一方面水体热容量变大，水温热惯性变大。 图 4.15（e）为平水年情景三与情景四库区水温结构。与情景二相比其水温结构 主要的差异在于温跃层中，20℃、22℃、24℃等温线位置上移，由于前两条等温 线位于电站进水口处，因此该处水温结构的变化将会对下泄水温产生影响。

四种情景的表层水温差异不大，因此下面仅就情景四的表层水温变化进行 分析（图 4.16）。可以看出，由于夏季太阳辐射和气温已经达到了一年之内的

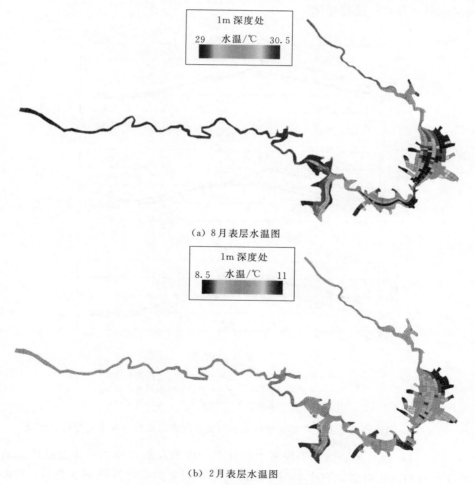

（a）8 月表层水温图

（b）2 月表层水温图

图 4.16　丹江口库区表层水温图

最高值，整个库区的水温也相对达到最高，整个库区的温差为 1.5℃ 左右［图 4.16 (a)］；冬季整个库区的表层水温相对较低，整个库区的温差为 2.5℃ 左右［图 4.16 (b)］。同时还可以看出入流水温不是制约库区表层温度变化的主要因素，其主要受控于地理位置、地形等因素造成的太阳辐射差异，比如夏季时，尽管入流水温相对较高（相对于整个库区），但是库区水温较低，而冬季时，入流水温并不是很高，但是库区的温度也并不太低。

2. 下泄水温变化

丹江口水库下泄水主要由两部分组成：①通过电站出流的发电用水；②洪水期（5—9 月）从溢洪堰下泄的表层弃水。洪水期水库下泄水温为两种下泄水体混合后的水温。图 4.17 为不同典型年及不同情景下，电站进水口及水库表层水温（弃水）过程变化。

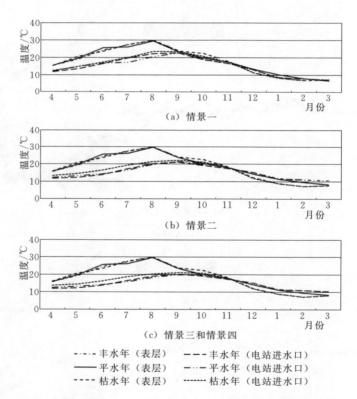

图 4.17 四种情景下不同典型年电站进水口及水库表层水温（弃水）过程变化图

图 4.17 (a) 为情景一不同来水条件下大坝加高前水库表层水温及电站进水口水温的变化过程。三个典型年水库表层水温年内变化规律基本类似，均随气温而变化，在 4 月开始上升，最大水温出现在 8 月，随后开始下降，这说明

表层水温的变化主要受气象条件影响。除枯水年外,电站进水口水温年内变化过程均较表层水温有所滞后,最大水温出现在9月。此外由于水库在4—9月存在水温分层,这段时期内表层水温大于下泄水温。对不同典型年而言,枯水年电站进水口水温年内变幅(16.6℃)较丰水年大(15.4℃);枯水年夏季(7—9月)水温相对丰水年较低,低了0.8℃,冬季(12月至次年2月)水温相对较高(1℃)。

图4.17(b)为情景二丹江口水库大坝加高后水库表层水温和电站进水口水温随时间的变化过程。表层水温与情景一的差异不大。三个典型年电站进水口水温较情景一在夏季均有所降低,下降了1.3~2.4℃,冬季均有所上升,上升了0.7~2.8℃,枯水年电站进水口最大水温后移至9月。图4.17c为情景三和情景四丹江口水库大坝加高及组合调水工程联合运行后水库下泄水温的变化。电站进水口水温较情景二冬季差异较小,仅相差0.1~0.2℃;然而夏季水温较为明显,相差0.6~0.8℃。

总的来说,不同典型年水库下泄水温差异并不显著,因此下游河道的水温分析中将主要针对平水年进行。

4.3.3 库区水质的时空变化

1. 库区水质变化

不同的水质指标8月和2月平面分布如图4.18~图4.20所示。由图中首先可以看出丹江口水库主要入库支流汇入处,水体水质状况相对较差,但是很快得到恢复,因此其对库区水体水质的影响不显著。另外对比三种情景,发现三个水质指标的空间分布变异不明显,这说明大坝加高工程及组合调水工程的开展对库区水质变化总体影响不大。对比8月和2月的水质状况,可以发现库区的水质总体差异不大,但在部分库区段水质还是存在一定差异,以高锰酸盐指数为例,2月时丹江上部分库区浓度较高[图4.18(d)~(f)],而8月则较低[图4.18(a)~(c)],这主要由于2月入库水量较少,因此该区段水质较差。另外由于丹江库区面积较大,水体的自净能力较强,因此水质的影响范围主要集中在其入口处,对于库区中央的水质影响较少,因此丹江上库区段水质状况一直相对较好。

2. 下泄水质变化

图4.21~图4.23为四种情景下坝上断面高锰酸盐指数、氨氮和总磷的年内变化过程,其水质可以代表水库下泄水质的状态。四种情景下三个水质指标年内变化规律基本类似。以情景一为例,高锰酸盐指数浓度从7月开始上升,最高值出现在9—10月,达到2.67mg/L,这主要由于上游入流中大量的有机污染物被带到水库中,比如9月份上游白河站入流为3mg/L,为一年的最

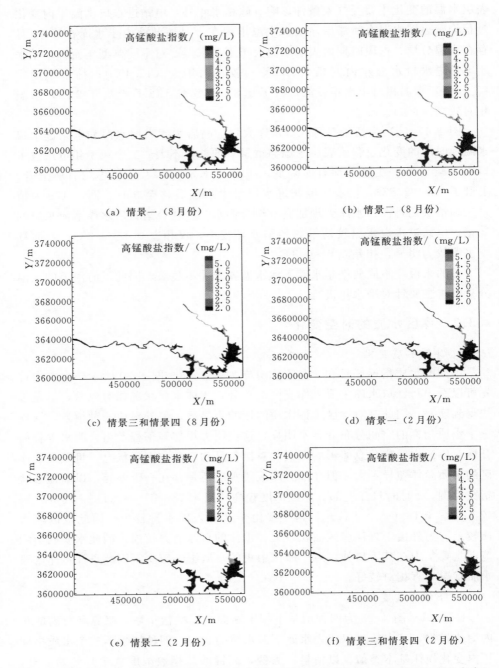

图 4.18　不同情景下高锰酸盐指数平面变化图（X 轴表示正东方向，Y 轴表示正北方向）

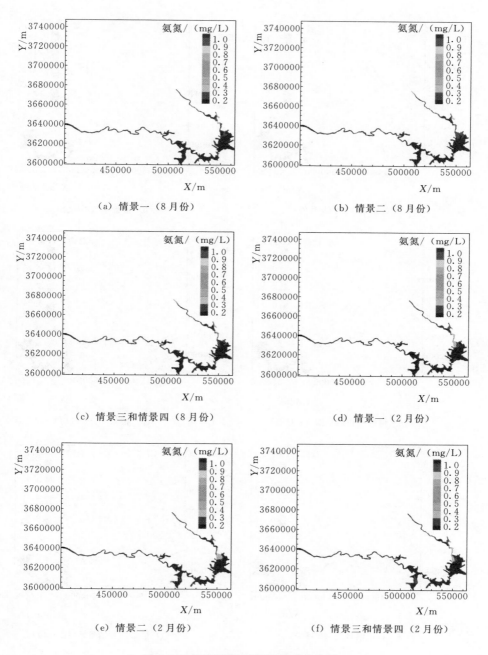

图 4.19　不同情景下氨氮平面变化图

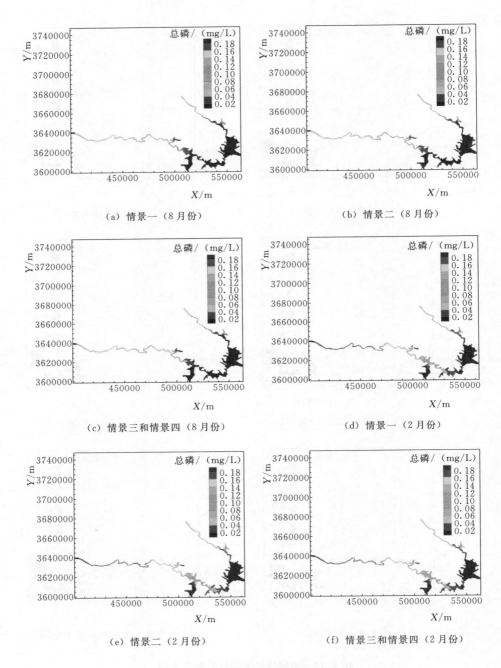

图 4.20　不同情景下总磷平面变化图

大值（图 4.21）。氨氮的变化则呈现出春季稳定，夏秋季含量相对较高，冬季下降的规律。最高值出现在 7 月，达到 0.17mg/L，最低值出现在 2 月，为 0.07mg/L（图 4.22）。氨氮主要来自藻类贡献以及入流水体贡献，通过藻类吸收以及硝化作用和出流损失。夏季农业生产中化肥大量使用，许多未被作物吸收的氮肥随降雨径流进入库区，同时上游入流量的快速增加且其中含有大量氨氮，也使得此时水库中氨氮含量达到了一年之中的最高峰。坝上断面总磷年内变化不显著，春夏季浓度略低，为 0.019mg/L，秋冬季浓度略有上升，为 0.021mg/L（图 4.23）。春夏季条件适合藻类生长，其生长吸收了大量的磷，所以磷含量较低；秋季过后随着温度降低，藻类生长受限，无法吸收大量的磷元素，最终导致了总磷含量的上升。

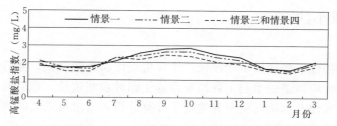

图 4.21　四种情景下水库坝上断面高锰酸盐指数的年内变化

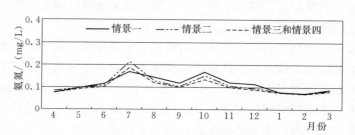

图 4.22　四种情景下水库坝上断面氨氮的年内变化

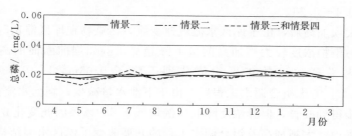

图 4.23　四种情景下水库坝上断面总磷的年内变化

可以看出大坝加高后（情景二）较加高前（情景一）高锰酸盐指数、氨氮及总磷浓度均略有降低，年平均浓度分别下降了 0.05mg/L、0.004mg/L 及

0.0002mg/L。这一模拟结果与陈明千等（2012）关于某水库的水位变化对于库区水质影响的模拟结果类似，即随着库区水位提升，污染物浓度降低，水质逐渐变好。这主要是由于水库大坝加高后，库区水流流速变缓，污染物在库区滞留时间大大增长，因此污染物浓度较大坝加高前呈下降趋势（冯静 等，2011）。考虑组合调水工程后（情景三和情景四）相对于情景二，由于下泄水量减少，坝前水流流速变缓，水质进一步得到改善，但各水质指标浓度降低比例均小于 8.2%，因此水质变化并不显著。

综上所述，丹江口水库的大坝加高工程及组合调水工程使库区水质略有改善，但是影响并不显著。

4.4　本章小结

研究中构建了丹江口水库库区三维环境流体动力学模型，随后结合影响丹江口库区及下游河道的水利工程情况设置了四种预测情景，最后对不同情景下库区水流、水温及水质时空变异进行了计算分析，通过情景之间的比较分析主要得到如下的结论：

（1）由于大坝加高，库区水深变深，库区流速变缓，调水工程开展后，由于库区流量降低，近坝区域的流速进一步变缓。

（2）水库大坝加高后，库区水温结构发生显著变化，例如底层水温年内变幅减小，温跃层位置提高，温跃层水温梯度下降；通过电站水库的下泄水温较大坝加高前在夏季降低了 1.3～2.4℃，冬季上升了 0.7～2.8℃，枯水年电站进水口最大水温出现时间后移至 9 月。进一步考虑组合调水工程后，坝前水温结构进一步发生改变，主要体现在温跃层中等温线（20℃、22℃、24℃）位置上移；这将进一步影响水库的下泄水温，使得其在夏季降低 0.6～0.8℃，在冬季上升 0.1～0.2℃。

（3）大坝加高后，由于库区水流流速变缓，污染物在库区滞留时间大大增长，因此污染物浓度较大坝加高前呈下降趋势，例如坝前断面的高锰酸盐指数、氨氮和总磷浓度的年平均值分别下降了 0.05mg/L、0.004mg/L 和 0.0002mg/L。考虑组合调水工程后，由于下泄水量减少，坝前水流流速变缓，水质进一步得到改善，但其浓度降低比例均低于 8.2%，因此变化并不显著。

总的来说，大坝加高及组合调水工程的开展改变了库区水温结构，使得下泄水温夏季变低，冬季变高；同时其对库区水质有一定的改善作用，但是影响并不显著。

第5章 组合调水工程对汉江中下游的影响预测

调水工程在给供水区带来巨大的社会经济以及生态环境效益的同时，势必会给水源区下游河道生态环境带来诸多不利的影响，比如由于水环境容量减少而引发的水质恶化，以及由于水文情势变化而对水生生物及鱼类带来影响，因此有必要开展调水对水源地下游河道的生态环境影响研究。随着丹江口水库大坝加高工程、组合调水工程以及下游河道补偿性工程措施的开展，将会对汉江中下游生态环境产生一个复合的影响，为了科学合理地进行调水工程的管理，有必要对这些工程的生态环境影响进行量化。据此设计四种不同的情景，定量分析了不同工程对汉江中下游水流、水温、水质以及水生态的影响。

5.1 汉江中下游概况

汉江发源于秦岭山脉，是长江最大的支流。其中丹江口以上为上游，丹江口—碾盘山之间为中游，碾盘山以下为下游。这里以丹江口以下的汉江中下游为研究对象，其干流总长度为 650km，流域面积为 64000km²，沿程有北河、南河、唐白河、蛮河、竹皮河、汉北河等几条一级支流汇入。汉江中下游流域水资源丰富，水资源总量为 616 亿 m³，多年年平均径流量为 1640m³/s。汉江中下游地区属亚热带季风气候，平均降水量为 800～1100mm，降雨集中在 5—9 月，年内时空分布不均，易发生洪涝和干旱灾害。

根据《湖北省汉江流域中下游水利现代化建设试点规划纲要》，确定将汉江中下游干流规划为 7 个梯级，自上至下依次为丹江口—王甫洲—新集—崔家营—雅口—碾盘山—兴隆水利枢纽（图 5.1）。由于资料原因，本研究中仅以其中已建的王甫洲和崔家营水利枢纽为代表，分析对其生态环境的影响。

图 5.1　汉江中下游研究区

5.2　河道一维水温水质流体动力学模型构建

为预测不同情景下汉江中下游水流、水温及水质的时空变化，需要先构建河道一维水温水质流体动力学模型，其中，对河道水温的模拟采用基于平衡温度的解析解模式。

5.2.1　计算断面及数据资料

利用水利部长江水利委员会提供的从黄家港至宗关共 345 个大断面水下地形资料，计算了各个断面流量、流速、水位等水文变量。采用了 1970—1974年黄家港、襄阳及碾盘山站的水温资料进行河道水温的模拟和验证。本次模拟的水质指标包括高锰酸盐指数、氨氮及总磷，所采用的水质资料为 2010—2013 年襄樊五水厂、皇庄、仙桃及宗关监测断面的水质资料。模型中涉及的排污口情况见表5.1。主要考虑了北河、南河、唐白河、蛮河、竹皮河、汉北河等几条水量大、污染相对严重的支流影响（图5.1）。

表 5.1 汉江中下游排污口情况统计

编号	排污口名称	至丹江口距离/km	编号	排污口名称	至丹江口距离/km
1	老河口市污水处理厂排污口	33.78	29	岳口福临化工有限公司排污口	425.62
2	曾家河闸排污口	61.08	30	彭市镇排污口	447.62
3	陈家沟闸排污口	61.08	31	麻洋镇排污口	458.52
4	牛首七组排污闸排污口	88.48	32	多祥镇排污口	469.82
5	牛首四组排污闸排污口	88.48	33	湖北仙鹏化工股份责任公司排污口	474.32
6	竹条孙庄闸排污口	93.58	34	湖北仙隆化工股份有限公司排污口	481.18
7	襄阳市政隆中排污口	102.08	35	团结闸排污口	482.35
8	琵琶山泵站排污口	105.44	36	沉湖泵站闸排污口	492.15
9	陵园泵站排污口	106.78	37	杨林低闸排污口	507.45
10	闸口排污口	108.66	38	庙头低闸排污口	529.95
11	张湾镇联山排污口	112.33	39	邱子闸排污口	539.05
12	鱼梁州污水排污口	112.33	40	桐木闸排污口	540.35
13	东津镇东津村四组涵闸排污口	114.48	41	三益闸排污口	548.21
14	东津镇酒厂涵闸排污口	114.48	42	汉川闸排污口	549.35
15	襄阳汉水清漪水务有限公司排污口	119.48	43	徐家口低闸排污口	550.79
16	岘山泵站排污口	119.48	44	曹家低闸排污口	562.29
17	王集镇街道社区排污口	141.28	45	电厂一期排水口排污口	568.57
18	南营办事处街道社区排污口	162.08	46	电厂二期排水口排污口	569.57
19	宜城市城区排污口	182.88	47	大桥泵站杨柳堤排污口	590.17
20	郑集镇街道社区排污口	200.48	48	大桥泵站排污口	591.66
21	流水镇街道社区排污口	207.31	49	国棉低闸闸排污口	614.16
22	磷矿镇生活排污口	242.31	50	宗关排水泵站排污口	614.16
23	荆门市荆钟化工有限责任公司排污口	250.03	51	曹家碑泵站排污口	614.16
24	柴湖镇生活排污口	298.73	52	四小闸泵站排污口	616.81
25	沈集镇生活污水排污口	311.63	53	沈家庙排水泵站排污口	619.48
26	沙洋云龙社区居民委员会生活排污口	341.63	54	武汉一棉集团有限公司排污口	619.48
27	江汉油田盐化工总厂排污口	388.73	55	国棉三厂排水泵站排污口	619.48
28	汉江泽口二码头排污口	396.22			

5.2.2 参数率定

河道水流和水质指标的计算涉及的主要参数有河床糙率、扩散系数、高锰酸盐指数降解系数、氨氮衰减系数以及总磷综合系数等。河道水温的计算主要涉及的参数有回归系数 a_e、b_e 和热交换系数 K_e。

1. 糙率

天然河道的糙率受到河床组成、河床形状、河滩覆盖情况及含沙量等多个因素的影响，因此不同河段的糙率取值不同。模型中的糙率主要由实测水流资料率定计算确定。

2. 扩散系数

扩散系数 E_x 采用经验法确定，具体计算公式如下：

$$E_x = ahu^* \tag{5.1}$$

式中：a 为经验常数（$0.1 \sim 0.2$）；h 为水深；u^* 为摩阻流速。

u^* 计算公式如下：

$$u^* = \sqrt{gJh} \tag{5.2}$$

式中：g 为重力加速度；J 为河流比降。

3. 高锰酸盐指数降解系数、氨氮衰减系数以及总磷综合系数

高锰酸盐指数降解系数体现的是水体对高锰酸盐指数的自然净化能力。含氮物质在水体中的相互转化主要存在着硝化作用和脱氮作用。硝化过程是指氨氮和亚硝酸盐氧化成硝酸的过程，而脱氮过程是指水体中的溶解氧含量很低时，一般小于 0.75mg/L，水体中的硝酸盐被还原成亚硝酸盐和氨氮的过程。汉江中下游水体中溶解氧浓度一般较高，因此只存在着硝化过程，这里的氨氮衰减系数主要就体现了氨氮经硝化作用转化成硝酸盐的程度。对总磷而言，常需要考虑底泥释放、磷的沉降和浮游植物对磷的吸收和释放等过程。在本次模拟中用一个综合系数体现这一影响。因此最终以一个统一的系数 K 进行表达。由于高锰酸盐指数的降解、氨氮的衰减以及总磷的转化都与水流条件和水温条件有关，因此这里将该参数表达为如下形式：

$$K_{T_2} = a_c \left(K_{T_1} + \alpha \frac{u}{h} \right) \theta^{T_2 - T_1} \tag{5.3}$$

$$\alpha = 0.114 + 0.0772J \tag{5.4}$$

式（5.3）～式（5.4）中：K_{T_1}、K_{T_2} 分别温度是 T_1 和 T_2 时的综合系数，T_1 一般取 $20℃$；T_2 为江段的平均水温；a_c 为需要率定的系数；α 为水流动力影响系数；u 为流速。

式（5.3）中，θ 取 1.047。由此通过率定 a_c 进行参数 K 的率定，得到随温度变化的不同江段不同时间的参数 K 值。

4. 回归系数 a_e、b_e 和热交换系数 K_e

图 5.2 为丹江口水库下游黄家港站和碾盘山站水温与气温相关关系的比较，其中黄家港站距离水库 6km，而碾盘山站距离水库 249km。这说明距离水库越远，河道水温与气温的线性关系越强烈。因此可以根据下游河道天然水温与气温之间的线性关系确定 a_e、b_e 的初值，再根据实测资料进一步率定出 a_e、b_e。热交换系数 K_e 取常数，这里也通过实测资料率定得到。

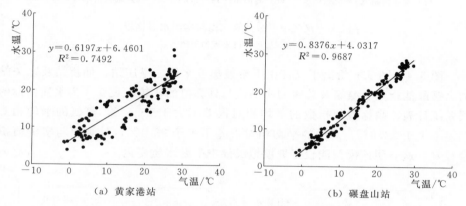

图 5.2 黄家港站和碾盘山站水温与气温相关关系比较图

选取了 1970 年 4 月—1971 年 3 月（平水年）黄家港站、襄阳站及碾盘山站的水温资料进行了水温参数率定，采用 2010 年 4 月—2011 年 3 月（平水年）襄樊五水厂、皇庄站、仙桃站及宗关站断面的水质资料进行了水质参数的率定。模拟效果的好坏同样分别利用平均误差、绝对误差、均方根误差以及相对误差进行分析。

图 5.3 给出了汉江中下游黄家港站、襄阳站、碾盘山站在 1970 年 4 月—1971 年 3 月（平水年）计算水温和实测水温的结果比较，表 5.2 列出了不同断面计算水温的误差统计。从图 5.3 和表 5.2 中可以看出，模型的平均误差变化范围为 −0.04～0.01℃，这表明模拟值没有系统正偏或者负偏。绝对误差及均方根误差均不大于 0.49℃，这表明该水温计算模式能较好地模拟河道水温时空分布。

表 5.2　　　　　　　汉江中下游不同断面计算水温的误差统计表　　　　　　单位：℃

站点	平均误差	绝对误差	均方根误差
黄家港站	−0.04	0.22	0.28
襄阳站	0.01	0.36	0.28
碾盘山站	−0.04	0.49	0.39

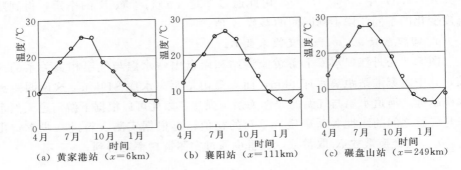

（a）黄家港站（$x=6$km）　　（b）襄阳站（$x=111$km）　　（c）碾盘山站（$x=249$km）

图 5.3　汉江中下游计算水温与实测水温比较图

x—与丹江口水库的距离

图 5.4～图 5.6 给出了汉江中下游襄樊五水厂、皇庄站、仙桃站及宗关站的高锰酸盐指数、氨氮及总磷的实测值与计算值的比较，表 5.3 为水质指标的误差统计表。高锰酸盐指数的平均相对误差不大于 16.1%，氨氮的平均相对误差不大于 23.6%，总磷的平均相对误差不大于 23.1%，计算值与实测值拟合较好，这表明该模型能较好地模拟汉江中下游水质变化。

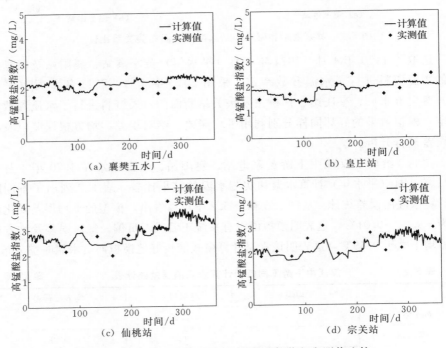

（a）襄樊五水厂　　　　　　　　　　　　（b）皇庄站

（c）仙桃站　　　　　　　　　　　　　（d）宗关站

图 5.4　汉江中下游高锰酸盐指数计算值与实测值比较

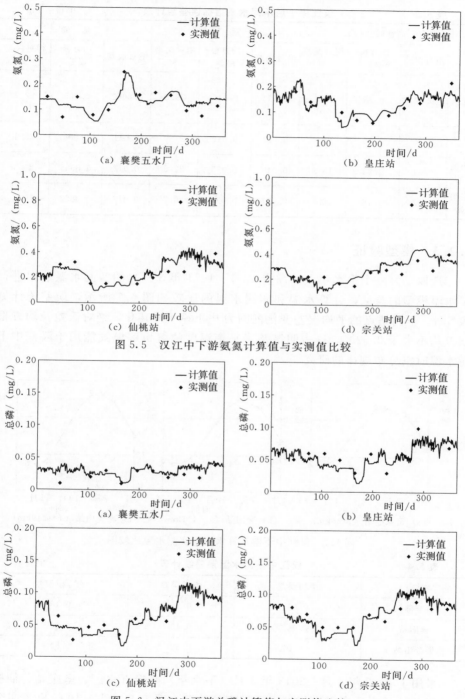

图 5.5 汉江中下游氨氮计算值与实测值比较

图 5.6 汉江中下游总磷计算值与实测值比较

表 5.3　　　　　　　　汉江中下游不同水质指标误差统计表　　　　　单位：mg/L

站点	高锰酸盐指数			氨　氮			总　磷		
	绝对误差	均方根误差	相对误差/%	绝对误差	均方根误差	相对误差/%	绝对误差	均方根误差	相对误差/%
襄樊五水厂	0.32	0.16	16.1	0.024	0.015	23.6	0.0062	0.005	22.7
皇庄站	0.26	0.15	13.4	0.021	0.019	21.9	0.011	0.006	23.1
仙桃站	0.34	0.23	15.2	0.048	0.035	22.5	0.012	0.0085	21.6
宗关站	0.37	0.16	16.1	0.037	0.030	20.7	0.012	0.0062	19.8

5.2.3　模型验证

选取了另一个平水年（1973 年 4 月—1974 年 3 月）的实测水温数据进行了水温模型的验证，计算水温和实测水温的比较如图 5.7 所示，误差统计见表 5.4。不同站点的平均误差变化范围为 −0.07～0.06℃，绝对误差及均方根误差均不大于 0.52℃，这表明该基于平衡温度的解析解模式能用于汉江中下游水温时空分布规律的研究。

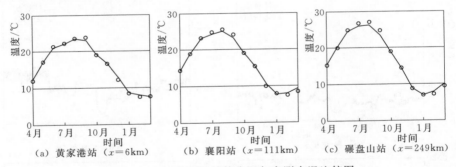

（a）黄家港站（$x=6km$）　　（b）襄阳站（$x=111km$）　　（c）碾盘山站（$x=249km$）

图 5.7　汉江中下游计算水温与实测水温比较图

表 5.4　　　　　　　　汉江中下游水温误差统计表　　　　　　　单位：℃

站点	平均误差	绝对误差	均方根误差
黄家港站	0.05	0.25	0.18
襄阳站	0.06	0.40	0.26
碾盘山站	−0.07	0.52	0.51

采用了 2012 年 4 月—2013 年 3 月（平水年）襄樊五水厂、皇庄站、仙桃站及宗关站的水质资料进行了水质模型的验证。图 5.8～图 5.10 给出了四个

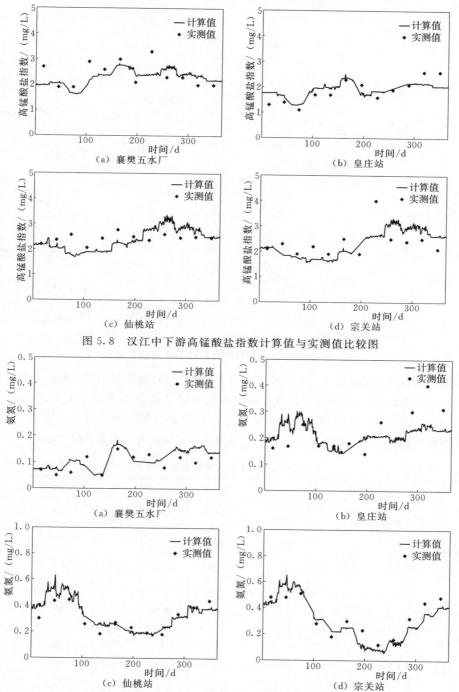

图 5.8　汉江中下游高锰酸盐指数计算值与实测值比较图

图 5.9　汉江中下游氨氮计算值与实测值比较图

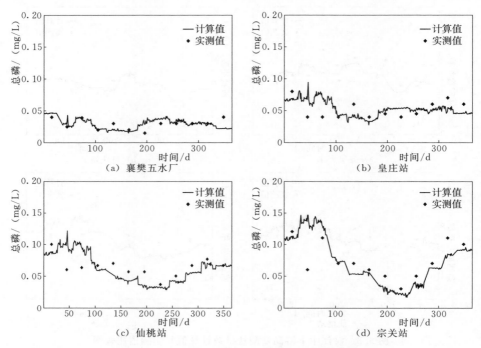

图 5.10　汉江中下游总磷计算值与实测值比较图

监测断面的高锰酸盐指数、氨氮及总磷的实测值与计算值比较结果，表 5.5 为水质指标的误差统计。总体而言，四个站点的高锰酸盐指数的平均相对误差不大于20.9%，氨氮的平均相对误差不大于 25.9%，总磷的平均相对误差不大于 26%，计算值与实测值拟合较好，因此该水质模型能用于预测河道水质的时空变化。

表 5.5　　　　　　　汉江中下游不同水质指标误差统计表　　　　　单位：mg/L

站点	高锰酸盐指数			氨　氮			总　磷		
	绝对误差	均方根误差	相对误差/%	绝对误差	均方根误差	相对误差/%	绝对误差	均方根误差	相对误差/%
襄樊五水厂	0.39	0.26	17.2	0.027	0.016	25.2	0.0066	0.0055	24.7
皇庄站	0.28	0.16	14.3	0.053	0.046	22.9	0.014	0.010	25.6
仙桃站	0.36	0.24	15.6	0.050	0.042	24.0	0.016	0.013	25.4
宗关站	0.49	0.33	20.9	0.059	0.032	25.9	0.018	0.012	26.0

5.3 组合调水工程对汉江中下游生态环境影响预测

依据丹江口库区水环境影响计算时设定的四种不同情景，比较分析了丹江口水库大坝加高工程、组合调水工程、下游水利枢纽工程和引江济汉工程对汉江中下游河道的流场、水温、水质时空分布规律的影响，并从水文和水温变化的角度讨论了其对鱼类产卵的影响。

5.3.1 汉江中下游流场的时空变化

四种情景下，几个主要控制断面的年平均流量、水位及流速见表5.6。不同情景下，水位及流速的沿程变化规律基本类似，对流速而言，都是从黄家港站到皇庄站段流速上升，皇庄站到仙桃站段流速下降，仙桃到宗关流速又有所回升；水位则是沿程降低。对流量而言，情景一和情景二沿程变化规律与流速类似，而情景三与情景四则沿程增加。就四种情景而言，考虑大坝加高工程后（情景二），各个站点的年平均流量及流速均略有所减少，水位也有所降低，但是变化不是很显著。而进一步考虑调水工程影响后，年平均流量有了很大程度地降低，较情景一，年平均流量减少范围为222.1～490.3m³/s，降幅范围为18.3%～41.0%，降幅最大的是在黄家港站（41.0%），最小在仙桃站（18.3%）；水位变幅最大的则在皇庄站（3.0%），水位变幅最小的在宗关站（0.87%）；流速降幅变化最大的在黄家港站（22.5%），流速变幅最小的在宗关站（6.9%）。考虑下游王甫洲和崔家营水利枢纽以及引江济汉工程后，黄家港站由于受王甫洲水利枢纽的影响，水位略有增加，流速有一定的减缓；仙桃站到宗关站段由于考虑引江济汉工程作用，年平均流量、水位及流速均有了显著的提高。

表 5.6　　　四种情景下年平均流量、水位、流速比较表

水文要素	站点	情景一	情景二	情景三	情景四
年平均流量 /(m³/s)	黄家港站	1096.2	982	636.6	636.6
	皇庄站	1440.6	1295.3	950.3	950.3
	仙桃站	1211.8	1089.6	989.7	1176.1
	宗关站	1304.8	1173.2	1053.9	1240.3
水位 /m	黄家港站	87.03	86.91	86.55	86.58
	皇庄站	40.52	40.3	39.3	39.3
	仙桃站	23.54	23.36	23.16	23.51
	宗关站	19.48	19.41	19.31	19.45

续表

水文要素	站点	情景一	情景二	情景三	情景四
流速 /(m/s)	黄家港站	0.71	0.67	0.55	0.54
	皇庄站	1.05	1.01	0.92	0.92
	仙桃站	0.63	0.61	0.57	0.62
	宗关站	0.72	0.70	0.67	0.71

总的来说，黄家港站的年平均流量受组合调水工程影响最为显著，图 5.11 比较了该控制断面四种情景下流量的年内变化规律。相对于情景一，情景二仅仅在 7 月流量有一定程度地增加，在其他月份都有显著的降低，这主要是水库大坝加高后调度运行方案改变所导致。情景三和情景四由于考虑组合调水工程的影响，流量又有了很大程度地降低。

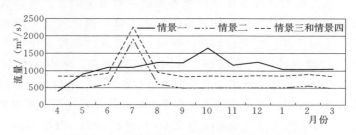

图 5.11　四种情景下黄家港站流量过程图

5.3.2　汉江中下游水温的时空变化

图 5.12（a）为情景一下汉江中下游的水温变化，夏季（6—8 月）河道水温高，冬季（12 月至次年 2 月）低，其年内变化上与气温变化规律基本一致。此外随着与丹江口水库距离的增加，河流温度逐渐恢复到一个稳定的状态（自然状态）。图 5.12（b）为情景二下，即考虑丹江口水库大坝加高工程影响后下游河道水温变化。丹江口水库大坝处（0km）水温在夏季降低，而在冬季上升。对整个汉江中下游河段而言，年内高温时期（>26℃）较情景一有所缩短，而且主要集中于 7—8 月，夏季高温河段近似为 400km，也较情景一（大约 470km）有所缩短。情景三［图 5.12（c）］在情景二的基础上进一步考虑了三大组合调水工程的作用，夏季高温河段和冬季低温河段（<6℃）较情景二分别增加了 60km 和 80km，该河段的水温年内变化加大。这主要由于三个调水工程的开展使得水库下泄流量减少，年平均流量减少了 345m³/s，水体的热惯性降低，水温恢复变快。情景四［图 5.12（d）］较情景三增加了下游王甫洲和崔家营两个水利枢纽及引江济汉工程的作用。在崔家营水库的回水范围内（102～134km）夏季水温较情景三上升了 0.5℃，冬季水温下降了 0.3℃。

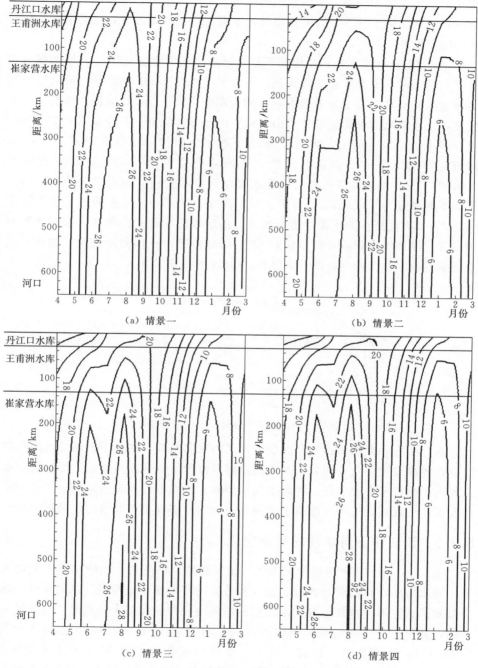

图 5.12　四种情景下汉江中下游水温时空分布图（单位：℃）

这是由于水深增加较小，水面面积增加较大，流速变缓，水体能更多与大气进行热量交换。由于到下游兴隆枢纽时，水温已接近平衡温度，因此引江济汉对水温的作用并不显著。

图 5.13 为四种情景下 8 月份下游河道水温的沿程变化图。大坝加高（情景二）后，水库下泄水温显著降低，下降了约 4.0℃，这导致下游河道近大坝区域水温较情景一有了显著的下降，如大坝至崔家营段水体复温速率有一定的增加，该河段水体平均复温速率由情景一的 0.015℃/km 上升至 0.033℃/km。组合调水工程开展后（情景三），水库下泄水温较情景二略有降低（1.4℃），河流复温速率进一步提高，大坝至崔家营河段水体平均复温速率提升至0.049℃/km。水体复温速率的提升主要与下泄水量的减少有关，情景一时月平均下泄流量为 1240m³/s，情景二时下降至 954m³/s，调水后进一步下降至608m³/s，因此更少的水需要进行加热。最后考虑下游王甫州和崔家营水利枢纽以及引江济汉工程后（情景四），水库影响范围内水体复温变快，如崔家营水利枢纽回水范围内（102～134km）复温速率提高了 0.005℃/km。

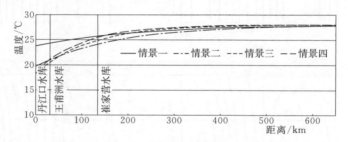

图 5.13 四种情景下 8 月份水温沿程变化图

综上所述，大坝加高工程改变了库区的水温结构，使得下游河道水温的时空分布规律发生变化，例如，夏季高温时期减少，高温距离缩短。而组合调水工程由于减少了下泄水量，缓解了大坝加高工程对下游河道的影响，考虑下游水利枢纽工程后，进一步缓解了这种影响。引江济汉工程对水温影响不明显。

5.3.3 汉江中下游水质的时空变化

图 5.14～图 5.28 为襄樊五水厂、崔家营站、皇庄站、仙桃站及宗关站五个主要水质断面高锰酸盐指数、氨氮和总磷的年内变化过程图。总的来说，各个监测站点在不同情景下各个水质指标的年内变化过程都十分类似。以情景一为例，襄樊五水厂高锰酸盐指数浓度从 7 月开始上升，9—10 月达到最大值（图 5.14）；仙桃和宗关站时，最大浓度值出现在枯水时期（12 月至次年 2 月），这是由于该时期流量较低，因此水质较差（图 5.23 和图 5.26）。各个水质断面氨氮浓度的最大值一般均出现在夏季，这是由于农业灌溉的影响，许多

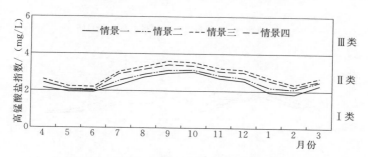

图 5.14 襄樊五水厂高锰酸盐指数年内变化

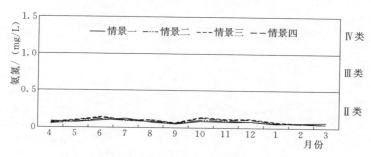

图 5.15 襄樊五水厂氨氮年内变化

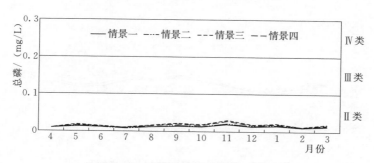

图 5.16 襄樊五水厂总磷年内变化

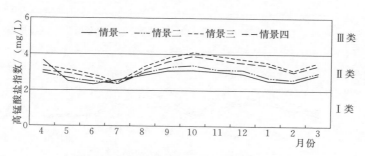

图 5.17 崔家营站高锰酸盐指数年内变化

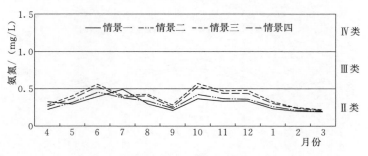

图 5.18　崔家营站氨氮年内变化

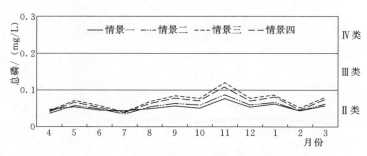

图 5.19　崔家营站总磷年内变化

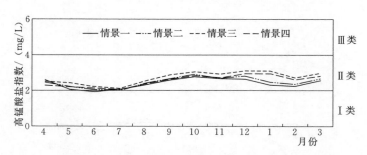

图 5.20　皇庄站高锰酸盐指数年内变化

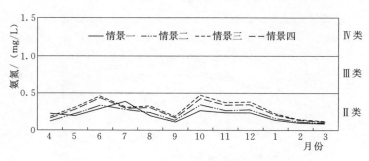

图 5.21　皇庄站氨氮年内变化

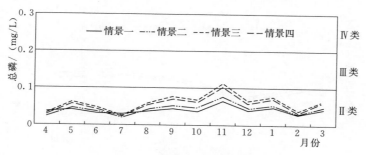

图 5.22 皇庄站总磷年内变化

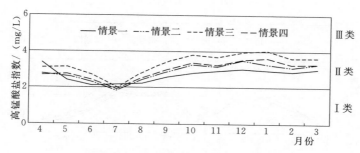

图 5.23 仙桃站高锰酸盐指数年内变化

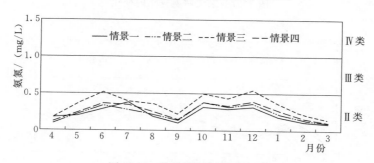

图 5.24 仙桃站氨氮年内变化

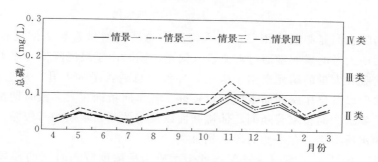

图 5.25 仙桃站总磷年内变化

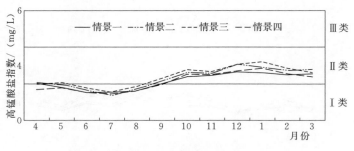

图 5.26　宗关站高锰酸盐指数年内变化

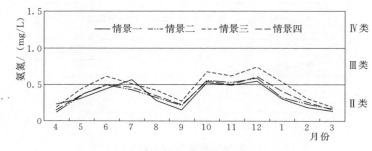

图 5.27　宗关站氨氮年内变化

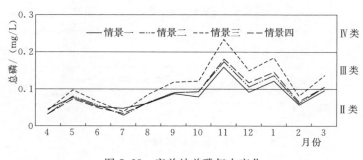

图 5.28　宗关站总磷年内变化

未被作物吸收的氮肥随降雨径流进入河道。总磷仍然呈现秋季浓度较高的特点，该时期大量的磷元素通过汇流进入河道，同时由于温度降低，藻类生长受限，无法吸收大量的磷元素用于生长，导致了总磷含量的上升。从沿程上看，襄樊五水厂以及皇庄站断面水质相对较好，各水质指标在大多数时期都能达到Ⅱ类水质要求。而崔家营断面、仙桃断面以及宗关断面水质相对较差，几个水质指标的水质类别会在一些时段达到Ⅲ类。

　　表 5.7 中比较了不同情景下，各个水质指标浓度较高时刻的差异。在此基础上进一步比较分析了各个水质指标水质类别的变化。由表 5.7 可以看

出，考虑大坝加高工程（情景二）后，由于水库下泄水量略有减少，几个水质站点的各个水质指标浓度都有了一定程度地增加，比如1月份高锰酸盐指数浓度在襄樊五水厂增加了0.27mg/L，在崔家营站增加了0.17mg/L，在皇庄站增加了0.16mg/L，在仙桃站增加了0.17mg/L，在宗关站增加了0.31mg/L；10月份高锰酸盐指数浓度在襄樊五水厂增加了0.12mg/L，在崔家营站增加了0.27mg/L，在皇庄站增加了0.13mg/L，在仙桃站增加了0.38mg/L，在宗关站增加了0.14mg/L；6月份氨氮浓度在襄樊五水厂增加0.01mg/L，在崔家营站增加0.06mg/L，在皇庄站增加0.05mg/L，在仙桃站增加了0.04mg/L，在宗关站增加了0.04mg/L；10月份氨氮浓度在襄樊五水厂增加0.02mg/L，在崔家营站增加了0.06mg/L，在皇庄站增加了0.08mg/L，在仙桃站增加了0.06mg/L，在宗关站增加了0.02mg/L；12月份氨氮浓度在襄樊五水厂增加0.01mg/L，在崔家营站增加了0.03mg/L，在皇庄站增加了0.04mg/L，在仙桃站增加了0.05mg/L，在宗关站增加了0.08mg/L；11月份总磷浓度在襄樊五水厂增加了0.003mg/L，在崔家营站增加了0.009mg/L，在皇庄站增加了0.011mg/L，在仙桃站增加了0.010mg/L，在宗关站增加了0.014mg/L。由图5.14～图5.28可以看出，此时的各个水质指标的水质类别均未发生变化。

表5.7　　　　　四种情景下高锰酸盐指数、氨氮及总磷比较表　　　　单位：mg/L

水质指标	监测断面	情景一	情景二	情景三	情景四
高锰酸盐指数 （1月）	襄樊五水厂	1.93	2.20	2.70	2.55
	崔家营站	2.53	2.70	3.53	3.39
	皇庄站	2.31	2.47	3.10	2.96
	仙桃站	2.95	3.12	4.04	3.64
	宗关站	2.59	2.90	3.57	2.84
高锰酸盐指数 （10月）	襄樊五水厂	3.01	3.13	3.53	3.34
	崔家营站	3.10	3.37	4.1	3.9
	皇庄站	2.76	2.89	3.05	2.84
	仙桃站	2.80	3.18	3.82	3.38
	宗关站	2.38	2.52	2.77	2.53
氨氮 （6月）	襄樊五水厂	0.10	0.11	0.14	0.13
	崔家营站	0.39	0.45	0.56	0.53
	皇庄站	0.29	0.34	0.46	0.44
	仙桃站	0.29	0.33	0.52	0.36
	宗关站	0.45	0.49	0.61	0.50

水质指标	监测断面	情景一	情景二	情景三	情景四
氨氮 （10 月）	襄樊五水厂	0.09	0.11	0.14	0.13
	崔家营站	0.36	0.42	0.57	0.53
	皇庄站	0.26	0.34	0.47	0.43
	仙桃站	0.32	0.38	0.48	0.39
	宗关站	0.53	0.55	0.68	0.57
氨氮 （12 月）	襄樊五水厂	0.08	0.09	0.12	0.11
	崔家营站	0.33	0.36	0.48	0.44
	皇庄站	0.23	0.27	0.38	0.35
	仙桃站	0.31	0.36	0.55	0.39
	宗关站	0.55	0.63	0.74	0.61
总磷 （11 月）	襄樊五水厂	0.018	0.021	0.029	0.027
	崔家营站	0.077	0.086	0.120	0.109
	皇庄站	0.065	0.076	0.114	0.103
	仙桃站	0.087	0.097	0.135	0.105
	宗关	0.158	0.172	0.233	0.179

考虑组合调水工程作用（情景三）后，由于水库下泄水量进一步降低，4 个水质站点的三个水质指标浓度都有了明显的增加（较情景二），其中 1 月份高锰酸盐指数浓度在襄樊五水厂增加了 0.5mg/L，在崔家营站增加了 0.83mg/L，在皇庄站增加了 0.63mg/L，在仙桃站增加了 0.92mg/L，在宗关站增加了 0.67mg/L；10 月份高锰酸盐指数浓度在襄樊五水厂增加了 0.4mg/L，在崔家营站增加了 0.73mg/L，在皇庄站增加了 0.16mg/L，在仙桃站增加了 0.64mg/L，在宗关站增加了 0.25mg/L；6 月份氨氮浓度在襄樊五水厂增加 0.03mg/L，在崔家营站增加了 0.11mg/L，在皇庄站增加了 0.12mg/L，在仙桃站增加了 0.19mg/L，在宗关站增加了 0.12mg/L；10 月份氨氮浓度在襄樊五水厂增加 0.03mg/L，在崔家营站增加了 0.15mg/L，在皇庄站增加了 0.13mg/L，在仙桃站增加了 0.1mg/L，在宗关站增加了 0.13mg/L；12 月份氨氮浓度在襄樊五水厂增加 0.03mg/L，在崔家营站增加了 0.12mg/L，在皇庄站增加了 0.11mg/L，在仙桃站增加了 0.19mg/L，在宗关站增加了 0.11mg/L；11 月份总磷浓度在襄樊五水厂增加了 0.008mg/L，在崔家营站增加了 0.034mg/L，在皇庄站增加了 0.038mg/L，在仙桃站增加了 0.038mg/L，

在宗关站增加了 0.061mg/L。就水质指标的类别变化而言，组合调水工程开展后，崔家营站断面 10 月份高锰酸盐指数、6 月份和 10 月份的氨氮指标以及 11 月份的总磷指标类别均由Ⅱ类降低为Ⅲ类。皇庄站断面 11 月份的总磷指标类别由Ⅱ类降低为Ⅲ类。仙桃站断面 1 月份高锰酸盐指数、6 月份和 12 月份的氨氮指标以及 11 月份的总磷指标类别均由Ⅱ类降低为Ⅲ类。宗关站断面 11 月份的总磷指标类别则由Ⅲ类降低为Ⅳ类。

再进一步考虑下游两个水利枢纽（王甫洲与崔家营）以及引江济汉工程作用（情景四）后，由于在水库回水范围内，水位提升，流速变缓，水质较情景三有一定的改善，比如 1 月份高锰酸盐指数浓度在襄樊五水厂减少了 0.15mg/L，在崔家营站减少了 0.14mg/L，在皇庄站减少了 0.14mg/L；10 月高锰酸盐指数浓度在襄樊五水厂减少了 0.19mg/L，在崔家营站降低了 0.2mg/L，在皇庄站降低了 0.21mg/L；而 6 月份氨氮浓度在襄樊五水厂减少 0.01mg/L，在崔家营站减少了 0.03mg/L，在皇庄站减少了 0.02mg/L；10 月份氨氮浓度在襄樊五水厂减少 0.01mg/L，在崔家营站减少了 0.04mg/L，在皇庄站减少了 0.04mg/L；12 月份氨氮浓度在襄樊五水厂减少 0.01mg/L，在崔家营站减少了 0.04mg/L，在皇庄站减少了 0.03mg/L；11 月总磷浓度在襄樊五水厂减少 0.002mg/L，在崔家营站减少了 0.011mg/L，在皇庄站减少了 0.011mg/L。而由于引汉济渭工程在兴隆水利枢纽的补水作用，仙桃站和宗关站水质得到了很大的改善，比如 1 月份高锰酸盐指数浓度在仙桃站减少了 0.4mg/L，在宗关站减少了 0.73mg/L；10 月份高锰酸盐指数浓度在仙桃站减少了 0.44mg/L，在宗关站减少了 0.24mg/L；6 月份氨氮浓度在仙桃站减少了 0.16mg/L，在宗关站减少了 0.11mg/L；10 月份氨氮浓度在仙桃站减少了 0.09mg/L，在宗关站减少了 0.11mg/L；12 月份氨氮浓度在仙桃站减少了 0.16mg/L，在宗关站减少了 0.13mg/L；11 月份总磷浓度在仙桃站减少了 0.03mg/L，在宗关站减少了 0.054mg/L。就水质指标的类别变化而言，考虑两个水利枢纽影响后，仅 10 月份高锰酸盐指数指标类别在崔家营站断面由Ⅲ类上升至Ⅱ类，其他的水质指标的类别均没有变化；而引江济汉工程开展后，除了 11 月份总磷在仙桃站断面的水质类别没有变化，其他的水质指标的类别均有所上升。

根据汉江干流水功能区划结果可知，仙桃站以上河段要求达到Ⅱ类水质目标，而仙桃站以下河段则要求达到Ⅲ类水质目标。由此可以确定襄樊五水厂、崔家营站、皇庄站和仙桃站断面的水质保护目标为Ⅱ类，而宗关站断面水质保护目标为Ⅲ类。结合各个断面的水质保护目标，还可以发现组合调水工程开展后，崔家营站断面在 6 月、10 月及 11 月水质不达标，皇庄站断面在 11 月份水质不达标，仙桃站断面在 1 月、6 月、11 月及 12 月水质不达标，宗关站断面则在 11 月水质不达标。汉江中下游的两个水利枢纽工程（王甫洲及崔家营）的开展没能使得崔家营站和皇庄站断面不达标月份满足水质要求，而引江济汉工程则使得仙桃站和宗关站断面在大部分时期都能满足水功能区划目标要求。

5.3.4　对鱼类产卵的影响

以鱼类为指示物种，分析了组合调水工程对水生态系统的影响。鱼类的产卵活动需要一定的生境条件支持，组合调水工程的建设改变了河流的水文水环境因子，因此会对鱼类的产卵产生一定的影响。在前面分析结果的基础上，本研究从流速和水温变化的角度分析了组合调水工程对鱼类产卵的影响。

1. 流速

四大家鱼在汉江中游地区（丹江口—钟祥）分布广泛，该江段共有 5 个四大家鱼产卵场，其产卵时间是 5 月底到 8 月初。表 5.8 统计了 1947—1959 年丹江口水库建库前的汉江中下游襄阳站天然情况下的月平均流速过程，以此上下限范围作为产卵繁殖所需的流速条件。情景四下襄阳站 5—8 月平均流速分别为 0.26m/s、0.30m/s、0.81m/s、0.31m/s，与天然情况下流速进行比较，发现在 5 月和 8 月的流速均低于天然流速的下限值（表 5.8），因此满足鱼类产卵的时间会大大缩短。

表 5.8　　　　　　　　　　　建库前多年逐月流速　　　　　　　　　　单位：m/s

月份	1	2	3	4	5	6	7	8	9	10	11	12
最大值	0.21	0.23	0.37	0.58	0.78	0.80	1.61	1.65	1.35	1.17	0.49	0.31
平均值	0.18	0.19	0.27	0.43	0.55	0.48	1.12	1.10	0.86	0.73	0.37	0.24
最小值	0.15	0.14	0.16	0.28	0.31	0.30	0.57	0.50	0.30	0.22	0.23	0.20

2. 水温

组合调水工程的建设使得汉江中下游水温结构发生重大的改变，因此会对鱼类的产卵产生一定的影响。四大家鱼产卵繁殖所要求的最低温度条件为 18℃（史方方 等，2009），图 5.29 为情景一与情景四下河道水温与最低产卵温度比较图。表 5.9 记录了两个情景下不同位置的产卵概率及达到最低产卵温度的时间。就情景四而言，距离大坝越远，鱼类的繁殖机会越大，这说明鱼类产卵场可能向下转移，比如从黄家港站（6km）转移到襄阳站（111km）；对比情景一与情景四，不同位置达到产卵要求最小水温值均向后推移，比如黄家港站处滞后了 1.87 个月，因此鱼类产卵期也将滞后。

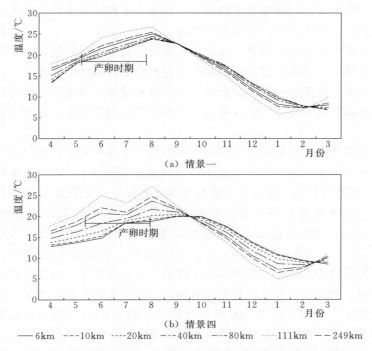

图 5.29 情景一与情景四下河道水温与最低产卵温度比较图

表 5.9 四大家鱼在汉江中下游的产卵概率及达到最低产卵温度的时间

距离/km	地点	产卵概率/%		时间/月	
		情景一	情景四	情景一	情景四
6	黄家港站	100	36	5.50	7.37
10		100	38	5.48	7.32
20		100	45	5.44	7.13
40		100	62	5.35	6.69
80		100	99	5.12	5.67
111	襄阳站	100	100	4.94	5.12

注 距离为 10km、20km、40km、80km 处无具体的地点名。

5.4 本章小结

本章构建了汉江中下游河道一维水温水质流体动力学模型,其中水温的计算采用了一个基于平衡温度的解析解模式,在此基础上对比分析了四种不同情景下汉江中下游水流、水温及水质的时空变异，还根据流速和水温条件的变化分析了对鱼类产卵的影响，得到如下结论：

（1）考虑大坝加高工程和组合调水工程后，各个站点的流量、水位及流速均有了明显降低。考虑下游王甫洲和崔家营水利枢纽以及引江济汉工程后，黄家港站由于受王甫洲水利枢纽的影响，水深有所增加，流速有一定的减缓；仙桃站到宗关站段由于考虑了引江济汉工程的作用，流量、水位及流速均有了显著地提升。

（2）大坝加高工程影响了下游河道水温的时空分布规律，使得河道夏季水温变低，冬季水温变高，例如，夏季高温时期缩短至 7—8 月，高温距离则减少 70km。而组合调水工程以及下游水利枢纽工程在一定程度上缓解了这种影响，例如，组合调水工程开展后夏季高温河段和冬季低温河段分别增加了 60km 和 80km，而水利枢纽工程开展后，崔家营水库的回水范围内夏季水温上升了 0.5℃，冬季水温下降了 0.3℃。引江济汉工程则对水温的影响较小。

（3）大坝加高工程以及组合调水工程减少了丹江口水库的下泄水量，从而使得汉江中下游的水质变差，甚至在有些月份发生水质类别的变化，结合各个断面的水质保护目标，还可以发现组合调水工程开展后，崔家营站断面在 6 月、10 月及 11 月水质不达标，皇庄站断面在 11 月份水质不达标，仙桃站断面在 1 月、6 月、11 月及 12 月水质不达标，宗关站断面则在 11 月水质不达标。汉江下游的两个水利枢纽工程和引江济汉工程则分别由于加大了水体的滞留时间和河道的流量，对汉江中下游水质具有一定的改善作用，具体而言，两个水利枢纽工程的开展仅仅使得 10 月份高锰酸盐指数指标类别在崔家营站断面由Ⅲ类上升至Ⅱ类，而引江济汉工程则使得仙桃站和宗关站断面在大部分时期都能满足水功能区划目标要求。

（4）考虑所有水利工程影响后，襄阳站 5 月和 8 月的流速均低于天然流速的下限值，因此满足鱼类产卵的时间会大大缩短。另外由于夏季下泄低温水的影响，鱼类的产卵场可能向下转移，产卵期也将滞后。

总体而言，大坝加高工程使得河道夏季水温变低，冬季水温变高，而其他的水利工程缓解了这种影响。大坝加高工程以及组合调水工程减少了丹江口水库的下泄水量，因而使得汉江中下游的水质变差，下游水利枢纽和引江济汉工程对水质具有一定的改善作用，其中引江济汉工程作用较为显著。几个水利工程改变了产卵区的生境条件，从而对鱼类产卵活动带来显著的影响。

第6章 气候变化与人类活动影响识别

汉江中下游的水环境状况除受到调水工程、水利枢纽工程等人类活动的影响以外，同时还受到气候变化的作用，因此有必要科学合理地定量区分两者的影响，以便积极应对全球气候变暖带来的威胁。本章以水温为切入点，利用一个基于平衡温度的解析解模式，提供了一种识别两者影响的新方法。此外，考虑到水温的变化还会进一步对水质产生影响，因此还对两者的交互关系进行了研究。

6.1 气候要素与人类活动要素的影响识别

科学合理地定量区分气候要素与人类活动要素的影响有助于加深人们对自身行为后果的认识，同时提高应对气候变化挑战的能力。本研究以水温为切入点，通过对一个基于平衡温度的水温解析解模式的物理意义进行解读，提出了一种新的影响识别方法。在此基础上，定量区分了不同情景下气候变化与人类活动影响的大小，并设计一系列基于气温变化的水库调度图。

6.1.1 识别方法

河道基于平衡温度的水温解析解模式中，式（2.47）可以改写成如下形式：

$$T = C_x T_0 + (1 - C_x) T_e \tag{6.1}$$

$$C_x = \exp\left(-\frac{K_e A x}{\rho C_p D Q}\right) \tag{6.2}$$

式中：T 为水库下游河道水温；C_x 为水库下泄水温 T_0 和平衡温度 T_e 对下游河道水温影响的比例因子；K_e 为热交换系数；A 为过水断面面积；x 为上游水库的距离；ρ 为密度；C_p 为热交换系数；D 为水深；Q 为流量。

通过式（6.1）可以定量地将下泄水温对下游河道水温的影响（$C_x T_0$）和对平衡温度的影响（$1-C_x$）T_e 区分开来。其中第一部分体现了水库对河流水温的人为干扰；由于平衡温度是气温的函数，因此第二部分反映了气象条件的影响。图 6.1 中定量区分了情景一下 8 月水温的沿程变化中水库和气象条件的影响。很明显，随着与水库之间距离的变大，水库对下游河道水温的影响逐渐减小，而气象条件的作用则逐渐加大，这一点与实际情况相符合。由于下泄水温 T_0 主要反映水库的影响，而平衡温度 T_e 则主要体现气象条件（气温）的作用，因此可以直接利用比例因子 C_x 来定量衡量气候要素与人类活动要素影响的大小。

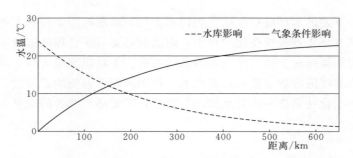

图 6.1　情景一水库和气象条件对下游河道水温影响图（8 月份）

6.1.2　影响识别

下面将该比例因子应用于四种情景的比较分析中。由于在考虑下游水利枢纽和引江济汉工程作用时，需要分段计算 C_x，所以下面仅仅比较了前三种情景下 C_x 的变化。这三种情景下 8 月份 C_x 的沿程变化如图 6.2 所示。可以发现，大坝加高工程影响下 C_x 变小，$1-C_x$ 变大，这说明气温变化对汉江中下游的影响变大，具体以丹江口水库到崔家营水库段为例，C_x 减小了 4.3%，即气候变化对于该段的影响加强了 4.3%；考虑组合调水工程后 C_x 进一步变小，因此其对汉江中下游的作用进一步增强，而对于丹江口水库至崔家营水库段，气候变化的影响则进一步增强了 10.6%。这说明大坝加高工程以及组合调水工程在改变下游河道水温的时空分布的同时，还减弱了其应对全球气候变暖影响的能力。

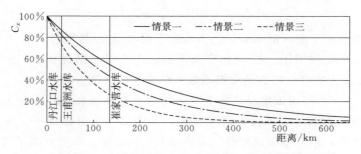

图 6.2　不同情景下 8 月份 C_x 的沿程变化图

从式（6.2）可以看出，比例因子 C_x 的变化与距上游水库的距离 x、水深 D、过水断面面积 A 和流量 Q 几个水文要素有关。对于给定的河道形态而言，D、A 和 Q 之间存在一定的转换关系，因此 C_x 主要反映了 x 与 Q 的影响。控制其他要素不变，如果 x 足够大，C_x 将趋近于 0，水温受到大气条件的强烈影响，将十分接近于月平衡温度，而对于较小的 x，C_x 将趋于无穷，水温则十分接近于上游下泄水温。这说明水库下泄水温主要影响近坝区域范围，而远离大坝的区域主要受到平衡温度 T_e（气候条件）的影响。对于指定位置，式（6.2）中 $\dfrac{A}{DQ}$ 可以转换为 $\dfrac{1}{Dv}$，其中，v 为流速。水深 D、流速 v 与流量 Q 之间一般呈现出正相关关系，因此流量 Q 变小的结果是 C_x 减小，T_e 的影响变大，即气候的影响变大。这一规律的意义在于，它提供了一种应对全球气候变暖的方式。即通过水库调度改变水库下泄的水量，从而缓解气候变化带来的影响。

为了更好地应用这一规律，可以设计一系列基于气温变化的水库调度图，以图 6.3 为例说明。在水库下游 $x=100\text{km}$ 处，假定水库下泄水温为 10℃，此时气温为 20℃，河道断面面积为 1000m²，平均水深为 6m，由此可求出不同气温增量下，所需要的下泄流量，进而画出不同水温要求下的温度增量-下泄流量关系曲线。应用时，通过气温的不同增量值以及河道的水温要求，直接查图可以得到河道需要的水库下泄水量。

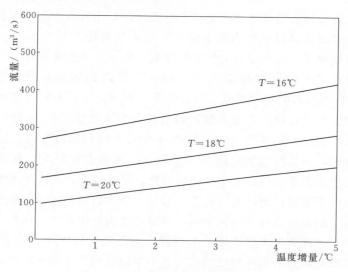

图 6.3　不同水温情况下水库调度图

在水库对下游河道水温影响的评价中，还有一个大家十分关注的因子，就是恢复距离，其定量衡量了水库对下游的影响范围。对恢复距离的求解有多种不同的方法，类似于 Herb et al.（2011）提出的变化尺度概念，这里假定 C_x 为 5% 时，x 的取值为恢复距离，从物理意义上来说就是水库下泄水温对河道水温的影响小于 5%，即当作达到天然情况。对前面不同的模拟情景而言，这样求出来的恢复距离将使得下泄水温与平衡温度之间的差异小于 0.6℃，这能达到 Prats et al.（2012）类似的效果，即差异小于 0.5℃。这样求得前三种情景夏季恢复距离分别为 616km、758km、578km，冬季的恢复距离分别为 597km、500km、314km。因此综合考虑大坝加高工程和组合调水工程的作用，在夏季恢复距离缩短了 38km，在冬季缩短了 283km。这说明调水对夏季水温的影响较小，而对冬季影响较大。这主要是由于调水量占夏季下泄水的比例要小于冬季。

6.2　水温与水质交互关系研究

前面的分析表明，可以从水温的角度量化气候变化及人类活动的影响。为了更合理地认识水利工程和气候变化对水质的作用，有必要进一步分析水温与水质之间的交互关系，寻找到量化两者关系的途径，这样就可以在确定水利工程和气候变化对水温影响的基础上，进一步辨识由此引发的水质改变。

首先，为分析水温对水质变化的影响规律，对比分析了不考虑水温对水质参数影响及考虑水温对水质影响下情景一的水质变化。其中不考虑水温影响时，水质参数取年平均水温对应的水质参数。由于 3 个水质指标（高锰酸盐指数、氨氮及总磷）的参数确定方式相同，这里以高锰酸盐指数为例分析。图 6.4 为考虑水温影响和不考虑水温影响下，不同月份、不同位置处高锰酸盐指数的差异。可以发现，考虑参数随温度变化后，夏季（6—8 月）模拟的高锰酸盐指数值变低，而冬季（12 月至次年 2 月）模拟的值变高。这主要是由于温度较高时，高锰酸盐指数降解系数较高，而温度较低时，其降解系数较低，因此考虑水温影响后，夏季模拟值较低，冬季较高。从空间上来讲，模拟的差异在汉江下游河口地区最为显著。对每一个小的河段而言，由于上段面水质变化会对下断面水质有一定的影响，水温对水质的影响就会在各个河段之间不断地累加，因此距离大坝越远，水质的改变越大，这体现了一个累计效应。由于分析水温对水质的影响时已经将其他因素的影响排除在外，因此分析的水温对水质影响结果可靠。

然后，对比分析考虑组合调水工程对下游水温的影响与不考虑其对下游水温影响时的水质模拟结果的差异，即分别采用情景一模拟的水温值与情景四模

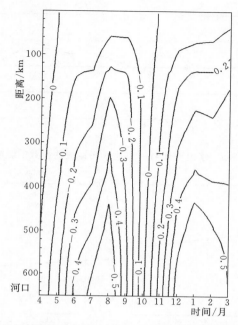

图 6.4　考虑与不考虑参数随水温变化的高锰酸盐指数比较图（单位：mg/L）

拟的水温值确定水质参数，然后进行水质的模拟计算。同样可以发现最大差异出现在汉江下游的河口地区，图 6.5 对比这两种情况下河口地区高锰酸盐指数的差异，可以发现 7 月份高锰酸盐指数浓度差异最大，达到 0.11mg/L。这主要是由于这个月两种情景下河道水温差异较大，沿程平均水温相差 2.3℃。类似的氨氮浓度最大差异达到 0.018mg/L，总磷达到 0.0037mg/L。

最后，为了进一步量化水温变化对水质指标的影响，具体针对情景四下 7 月河口地区各个水质指标随水温的变化规律进行分析，得到一系列的水温-水质交互关系曲线（图 6.6）。可以发现各水质指标均随着温度的升高而降低，具体而言，温度每上升一度，高锰酸盐指数降低 0.06mg/L，氨氮降低 0.009mg/L，总磷降低 0.0022mg/L。这样的规律图可以直接应用于水温对水质影响的分析评价中，也可进一步用作从水温变化角度量化气候变化与人类活动对水质影响的有效途径。

综上所述，水温可以通过影响水质参数而影响水质指标的时空变化，该影响在各个断面之间叠加，体现了一个累计效应，即距离大坝越远，水质改变越大。这说明下泄水温对河流水温的影响不仅仅局限于近坝区域，而是可以通过河流水温传递到很远的区域。在考虑组合调水工程影响时，不能忽视水温的这一作用。

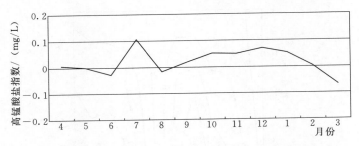

图 6.5　水温变化对河口地区高锰酸盐指数的影响

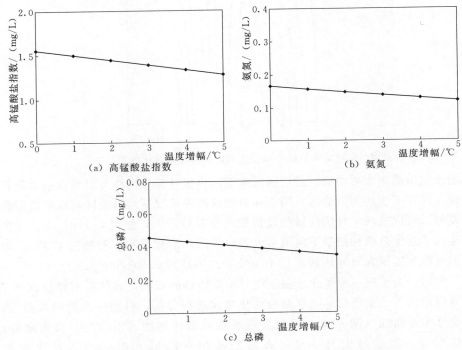

图 6.6　水温增幅与水质指标变化关系图（7 月份河口地区）

6.3　本章小结

　　本章利用基于平衡温度的解析解模式对影响下游河道水温的气候要素及人类活动影响进行了定量识别。研究表明，大坝加高工程使得气候变化对丹江口水库到崔家营水库段的影响加强了 4.3%；考虑组合调水工程后气候变化的影响则进一步增强了 10.6%。因此大坝加高工程以及组合调水工程在改变下游河道水温的时空分布的同时，还减弱了其应对全球气候变暖影响的能力。

此外，为进一步认识水温变化的影响，还开展了水温与水质的交互关系研究，结果表明：水温可以通过影响水质参数从而影响水质指标的时空变化，从时间上讲，考虑水温影响后，由于夏季水温较高，降解系数较高，水质指标模拟值较低，冬季则正好相反；从空间上讲，水温对水质的影响在各个断面之间叠加，体现了一个累计效应，即距离大坝越远，水质变化越大。为了进一步量化水温变化对水质指标的影响，作出了一系列的水温-水质交互关系曲线，这样的规律可以应用于水温对水质影响的分析评价中，也可用作从水温变化角度量化气候变化与人类活动对水质影响的有效途径。

第7章 维持河流生态功能的环境流量研究

在调水管理中，考虑环境流量是进行河流生态系统保护的重要手段之一。传统水文学和水力学方法往往只通过考虑水情要素来确定环境流量，然而单一要素的环境流量并不能满足调水工程的多目标需求。为缓解大坝加高工程和组合调水工程等水利工程对汉江中下游的不利影响，本研究提出了一个能同时满足水功能区和水生态保护综合目标的环境流量过程反问题模型。其中的水生态保护目标主要是指以四大家鱼为指示物种，考虑对其产卵繁殖的保护。同时将构建的环境流量过程与水库设计下泄过程进行比较，提出了一些修正现有设计下泄流量的建议与措施。

7.1 环境流量控制目标的选取

环境流量研究中最为重要的一个过程就是选取合适的控制目标。本研究在分析大坝加高和组合调水工程等水利工程的不利影响基础上，进行了控制目标的选取。

7.1.1 水利工程的生态环境影响分析

5.3 节的研究结果表明，大坝加高和组合调水工程的开展将对汉江中下游的水流、水温、水质的时空分布以及水生态产生诸多不利的影响。下面将分别从水文情势、水温及水质的角度对这些影响进行分析总结。

从水文情势的角度来看，大坝加高工程和组合调水工程将使得河道水量减少，流速变缓，水位降低。流速的减缓将不利于鱼类的产卵活动，由于 5 月和 8 月的流速均低于天然流速的下限值，因此满足鱼类产卵的时间会大大缩短。

从水温的角度来看，大坝加高工程使得下游河道夏季水温变低，冬季水温变高。以 7 月份为例，由于水库的下泄水温下降约 3.3℃，下游河道的平均水温下降了 2.3℃。低温水下泄将给下游河道的鱼类繁殖带来严重的危害，将会使得产卵场下移，产卵时间后移。水温与水质的交互研究表明，低温水下泄同样会对下游河口地区的水质指标产生一定的影响，具体体现在由于夏季水温变低，水体降解能力减弱，水质变差，7 月份河口地区高锰酸盐指数、氨氮及总磷浓度分别上升了 0.11mg/L、0.018mg/L 及 0.0037mg/L。

从水质角度来看，由于大型组合调水工程的开展，水库的下泄水量减少，下游河道水质恶化，甚至在有的月份水质指标的水质类别发生改变。比如崔家营站断面 10 月份高锰酸盐指数、仙桃站断面 1 月份高锰酸盐指数由Ⅱ类变为Ⅲ类；崔家营站断面 6 月份、10 月份的氨氮指标及仙桃站断面 6 月份、12 月份的氨氮指标由Ⅱ类变为Ⅲ类；崔家营站、皇庄站以及仙桃站断面 11 月份的总磷指标由Ⅱ类变为Ⅲ类，而宗关站断面 11 月份的总磷指标类别则由Ⅲ类变为Ⅳ类。

因此大坝加高以及组合调水工程对汉江中下游最为显著的生态环境影响体现在两方面：一个是由于河道水量的减少而导致的水质恶化；另一个是由于水库下泄水量减少以及低温水下泄而影响鱼类的产卵繁殖。

7.1.2　控制目标的选取

基于前面提到的两方面不利影响，确定了本研究中的环境流量控制目标，其既应包含河道水质保护的目标要求，同时也应该包含保证鱼类产卵繁殖的生境需求。

根据汉江干流水功能区划结果，仙桃站以上河道要求达到Ⅱ类水质目标，而仙桃站以下河段要求达到Ⅲ类水质目标，因此依据国家《地表水环境质量标准》（GB 3838—2002）得到几个主要水质断面应该达到的水质浓度目标值见表 7.1。

表 7.1　　　　　　　　　　　**各个水质断面的水质浓度目标值**　　　　　　单位：mg/L

水质断面	襄樊五水厂	崔家营站	皇庄站	仙桃站	宗关站
高锰酸盐指数	4	4	4	4	6
氨氮	0.5	0.5	0.5	0.5	1.0
总磷	0.1	0.1	0.1	0.1	0.2
水质类别	Ⅱ	Ⅱ	Ⅱ	Ⅱ	Ⅲ

鱼类产卵的生境需求这里主要考虑流速以及水温条件。流速的需求通过天然情况下襄阳站控制断面的流量变化范围来进行控制，主要考虑了鱼类产卵期（5—8 月）的流量需求。表 7.2 统计了 1947—1959 年丹江口水库建库前的襄阳站天然的逐月流量资料。另外由于鱼类产卵期处于夏季，此时水库处于低温水下泄状态。就水库下泄水量增加而言，其一方面使得下游河道水温变低，这将会给鱼类产卵带来很不利的影响；然而，另一方面又有利于下游河道的水质改善。因此水库下泄流量的变化对河道水温以及水质的作用正好相反。以情景四为例，组合调水工程会对鱼类的产卵产生不利影响，同时在 6 月份的时候会

使得崔家营站断面及仙桃站断面氨氮指标浓度变化，水质类别提升。因此这两个目标之间没有交集，是不能共存的。所以环境流量主要是考虑鱼类产卵对流速条件的需求。对于低温水下泄的问题，则建议在水库采取分层取水的措施来进行改善。

表 7.2 　　　　　襄阳站建库前（1947—1959 年）逐月流量表　　　　单位：m^3/s

月份	1	2	3	4	5	6	7	8	9	10	11	12
最大值	429	481	837	1423	2027	2084	4825	4939	3896	3297	1171	676
平均值	354	370	568	1005	1347	1150	3108	3066	2274	1869	827	503
最小值	279	258	298	588	666	658	1391	1192	651	441	484	395

7.2 反演计算方法

随着现代科学技术的不断发展进步，以及人类对各类系统的深入研究，人们不再满足于以往对于系统的被动认识，而是试图打破常规，开始对各类系统进行主动控制，使得系统按照人类指定的方式运行，从而达到预期的目的（黄光远 等，1993）。于是反问题应运而生。当前，越来越多的科学技术被提出，用以研究各自学科领域中的反问题，当然水污染控制领域也不例外。由于实际水环境污染控制规划的需求，人们通常避开对逆问题的求解，而采用最优规划对水污染问题进行控制计算。当然不可否认，这也为水环境规划提供了一种较好的思路。但是这种方法显然还没有充分利用偏微分方程这一强大的工具，它可以描述物理量的时空动态分布特征。因而，利用反问题对水污染控制技术进一步开展研究是十分有意义的。下面介绍了偏微分方程反问题的一些基本理论，以及环境流量计算所采用的反问题计算方法。

7.2.1 偏微分方程反问题的基本理论

微分方程是刻画和描述过程、系统状态和社会与生命现象的有力工具，但是微分方程的反问题的求解涉及大量的理论方法，下面主要介绍本研究中应用到的几个理论。

1. 脉冲谱法

脉冲谱法是由 Tsien D S 和 Chen Y M 于 20 世纪 70 年代在解决流体力学理想速度的反问题时首先提出的，后来又被用于求解电磁波传播中的反问题。我国学者刘家琦也做了很多工作来完善和推广该理论。其基本思路是根据脉冲响应的思想建立反演计算中的第一类弗雷德霍姆（Fredholm）积分方程（黄

光远 等，1993）。因该方法其思路清晰，操作简单，现已被广泛应用到各种反问题的求解领域。

2. 格林函数

格林函数法以统一的方式来解决各类数学物理方程，它既可以研究齐次方程、常微分方程、有界问题等，也可以研究非齐次方程、偏微分方程和无界问题。所以它是数学物理方程的一个重要理论，与分离变量法和傅里叶变换法的最大区别在于它给出的解是有限的积分形式（复旦大学数学系，1961）。

3. 弗雷德霍姆（Fredholm）积分方程

大量的反问题通常都可将其归结为求解第一类弗雷德霍姆（Fredholm）积分方程（刘家琦，1983；梁树培，1995）。

$$\int_a^b K(x,y)f(y)\mathrm{d}y = g(x), \quad a \leqslant x \leqslant b \tag{7.1}$$

式中：$K(x, y)$、$g(x)$ 假定为有连续有界函数；$f(y)$ 为未知函数。

众所周知这是一个典型的不适定问题。所以选用合理高效稳定求解方法，是求解数学范围中必须事先解决的问题。

4. 正则化法

所谓反问题的解是指在正则化意义下的解（吉洪诺夫 等，1979；黄光远等，1993；王佳鹤 等，1996；Morozov，1984）。用正则化法解反问题，首先是针对线性方程组［式（7.2）］构造泛函［式（7.3）］。

$$AX = B \tag{7.2}$$

$$J(X,\alpha) = [AX - B]^{\mathrm{T}} \times [AX - B] + \alpha [RX]^{\mathrm{T}} \times [RX] \tag{7.3}$$

式中：A 为已知系数矩阵；X 为待求的未知量；B 为测量获得的数据；上标 T 表示转置；α 为正则化参数；R 为正则矩阵。

由上述泛函的极小值问题可以得到下面的线性方程组：

$$A^{\mathrm{T}} \cdot A + \alpha R^{\mathrm{T}} \cdot R \cdot B = A^{\mathrm{T}} \cdot B \tag{7.4}$$

式（7.4）的解称为式（7.2）的正则化解。正则矩阵 R 是人为选取的，主要是要保证解的适定性，可取为单位矩阵。正则参数的大小直接影响解的精度，在求解式（7.4）时可以用一维搜索的办法求出来。

7.2.2　水质反演计算过程

为了进行水库下泄环境流量的求解，采用了偏微分方程反问题的模型方法，模型以各控制断面处水质条件为下边界条件，以水库下泄水质条件为上边界条件，进行各个河段的流速过程以及水库下泄流量的求解。

针对该偏微分反问题，研究中采用了脉冲谱＋格林函数＋弗雷德霍姆（Fredholm）积分方程＋正则化解法的反问题求解思路，即首先利用脉冲谱法将待求解问题转化为正问题和反问题，结合格林函数将其中的反问题转换为第一类 Fredholm 积分方程，最后利用正则化的方法求解该病态方程组，从而获得反问题的解。具体的求解方法如下。

首先给出水质的反演问题模型：

$$\frac{\partial c(x,t)}{\partial t} + u\frac{\partial c(x,t)}{\partial x} = \frac{\partial c(x,t)}{\partial x}\left[E\frac{\partial c(x,t)}{\partial x}\right] - Kc(x,t) \tag{7.5}$$

$$c(0,t) = f(t), \qquad t \in [0,T] \tag{7.6}$$

$$c(x,0) = \psi(x), \qquad x \in [0,X] \tag{7.7}$$

$$\frac{\partial c(x,t)}{\partial x}\bigg|_{x=T} = 0, \qquad x \in [0,X] \tag{7.8}$$

式（7.5）～式（7.8）中：x 为起始断面到下游某处的距离；X 为计算河段长度；t 为时间；T 为计算时长；$c(x,t)$ 为 x 位置处 t 时刻水质指标浓度；u 为待求流速；E 为扩散系数；K 为降解系数，均采用之前率定的参数值；$f(t)$ 为初始断面随时间 t 变化的边界条件；$\psi(x)$ 为初始时刻随位置 x 变化的初始条件。

选定附加条件为

$$c(X,t) = g(t), \qquad t \in [0,T] \tag{7.9}$$

式中：$g(t)$ 为下游断面 X 处随时间 t 变化的可测函数。

先将上述反问题进行数值离散，使之转化为一个差分方程反问题。在区域 $[0,X] \times [0,T]$ 上划分出均匀矩形网格，设 $X_i = ih$（$i = 0, 1, 2, \cdots, N$）；$t_j = j\tau$（$j = 0, 1, 2, \cdots, M$）。

在时间方向上取向前差分：

$$\left(\frac{\partial c}{\partial t}\right)_{i,j} = \frac{c_{i,j+1} - c_{i,j}}{\tau} \tag{7.10}$$

X 的一阶偏导取向前差分：

$$\left(\frac{\partial c}{\partial x}\right)_{i,j} = \frac{c_{i+1,j} - c_{i,j}}{h} \tag{7.11}$$

X 的二阶偏导取中心差分：

$$\frac{\partial c}{\partial x}\left(E\frac{\partial c}{\partial x}\right)_{i,j} = \frac{E_{i+1}c_{i+1,j+1} - (E_{i+1} + E_{i-1})c_{i,j+1} + E_{i-1}c_{i-1,j+1}}{h^2} \tag{7.12}$$

将式（7.10）～式（7.12）代入式（7.5），得到参数反问题：

$$-\frac{E_{i-1}}{h^2}c_{i-1,j+1} + \left(\frac{1}{\tau} + K + \frac{E_{i+1} + E_{i-1}}{h^2} - \frac{u_{i,j+1}}{h}\right)c_{i,j+1} + \left(\frac{u_{i,j+1}}{h} - \frac{E_{i+1}}{h^2}\right)c_{i+1,j+1} = \frac{1}{\tau}c_{i,j} \tag{7.13}$$

其中，$c_{i,0} = \psi_{i,0}$（$i = 1, 2, \cdots, N-1$）；$c_{0,j} = f_{0,j}$（$j = 1, 2, \cdots, M-1$）。取如下的迭代公式：

$$\left.\begin{array}{l} c_{i,j}^{n+1} = c_{i,j}^{n} + \delta c_{i,j}^{n} \\ u_{i,j}^{n+1} = u_{i,j}^{n} + \delta u_{i,j}^{n} \end{array}\right\} \tag{7.14}$$

式中：$c_{i,j}^{n}$、$c_{i,j}^{n+1}$ 分别为第 i 个断面第 j 个时刻第 n 次和第 $n+1$ 次迭代过程时的浓度；$\delta c_{i,j}^{n}$ 为这两次迭代过程时的浓度差；$u_{i,j}^{n}$ 和 $u_{i,j}^{n+1}$ 为第 i 个断面第 j 个时刻第 n 次和第 $n+1$ 次迭代过程时的流速；$\delta u_{i,j}^{n}$ 为这两次迭代过程时的流速差。

可将上述差分方程反问题转换成 $c_{i,j}^{n}$ 对应的正问题：

$$-\frac{E_{i-1}}{h^{2}}c_{i-1,j+1}^{n} + \left(\frac{1}{\tau} + K + \frac{E_{i+1}+E_{i-1}}{h^{2}} - \frac{u_{i,j+1}^{n}}{h}\right)c_{i,j+1}^{n} + \left(\frac{u_{i,j+1}^{n}}{h} - \frac{E_{i+1}}{h^{2}}\right)c_{i+1,j+1}^{n} = \frac{1}{\tau}c_{i,j}^{n}$$

$$(7.15)$$

其中，$c_{i,0} = \varphi_{i,0}$（$i=0,1,2,\cdots,N$）；$c_{0,j} = f_{0,j}$（$j=0,1,2,\cdots,M$）。$\delta u_{i,j}^{n}$ 对应的反问题如下：

$$-\frac{E_{i-1}}{h^{2}}\delta c_{i-1,j+1}^{n} + \left(\frac{1}{\tau} + K + \frac{E_{i+1}+E_{i-1}}{h^{2}} - \frac{u_{i,j+1}^{n}}{h}\right)\delta c_{i,j+1}^{n}$$

$$+ \left(\frac{u_{i,j+1}^{n}}{h} - \frac{E_{i+1}}{h^{2}}\right)\delta c_{i+1,j+1}^{n} - \frac{1}{\tau}\delta c_{i,j}^{n} = (c_{i,j+1}^{n} - c_{i+1,j+1}^{n})\frac{\delta u_{i,j+1}^{n}}{h} \qquad (7.16)$$

其中，$\delta c_{i,0}^{n} = \delta c_{0,j}^{n} = 0$，$\delta c_{N+1,j}^{n} = \delta c_{N,j}^{n}$（$i=1,2,\cdots,N-1$；$j=1,2,\cdots,M-1$）。

引进格林函数 $G_{i,j,p,q}$：

$$G_{i,j,p,q} = \begin{cases} 1, & i=p, j=q \\ 0, & \text{其他} \end{cases} \qquad (7.17)$$

对于每组（p,q），格林函数满足差分方程（7.18）：

$$-\frac{E_{i}^{n}}{h^{2}}G_{i-1,j+1,p,q}^{n} + \left(\frac{1}{\tau} + K + \frac{E_{i+1}+E_{i-1}}{h^{2}} - \frac{u_{i,j+1}^{n}}{h}\right)G_{i,j+1,p,q}^{n}$$

$$+ \left(\frac{u_{i,j+1}^{n}}{h} - \frac{E_{i+1}}{h^{2}}\right)G_{i+1,j+1,p,q}^{n} - \frac{1}{\tau}G_{i,j,p,q}^{n} = G_{i,j,p,q} \qquad (7.18)$$

取 $p=N$，由式（7.16）和式（7.18）可推导出如下公式：

$$g_{q} - c_{N,q}^{n} = \sum_{i=0}^{N-1}\sum_{j=0}^{M-1} G_{i,j,N,q-1}(c_{i,j+1}^{n} - c_{i+1,j+1}^{n})\frac{\delta u_{i,j+1}^{n}}{h} \qquad (7.19)$$

式中：g_{q} 为附加条件给定的实测信息；$c_{N,q}^{n}$ 为正问题计算出来的第 n 次迭代值。

设

$$\left. \begin{aligned} & d_{q} = (g_{q} - c_{N,q}^{n})h \\ & \boldsymbol{D} = (d_{0},d_{1},d_{2},\cdots,d_{M-1})^{\mathrm{T}} \\ & A = \sum_{i=0}^{N-1}\sum_{j=0}^{M-1} G_{i,j,N,q-1}(c_{i,j+1}^{n} - c_{i+1,j+1}^{n}) \\ & \boldsymbol{V} = (u_{1,1}^{n}, u_{1,2}^{n}, \cdots, u_{N-1,M-1}^{n}) \end{aligned} \right\} \qquad (7.20)$$

写成矩阵形式有

$$\boldsymbol{A} \times \boldsymbol{V} = \boldsymbol{D} \qquad (7.21)$$

式中：$\boldsymbol{D}$ 为 M 次测量获得的数据；$\boldsymbol{A}$ 为已知矩阵；$\boldsymbol{V}$ 为未知量。

这是一个病态方程组，采用正则化解式（7.21）得到

$$V = (A^T A + \alpha G)^{-1} A^T D \qquad (7.22)$$

最后通过反复迭代和误差控制选择 α，得到流速的沿程分布，进而获得水库下泄水量过程。

7.3 汉江中下游环境流量反演计算与分析

首先，针对前面提出的水质保护目标，采用反演计算方法对汉江中下游的环境流量进行了推求。综合考虑高锰酸盐指数、氨氮及总磷三个水质指标的水量需求，得到最终考虑水质保护目标的水库逐月的下泄环境流量过程，如图7.1所示。可以发现，在 6—8 月份所需要的环境流量相对较大，这可能与该时期降雨较大，故而入河污染物相对较多有关。

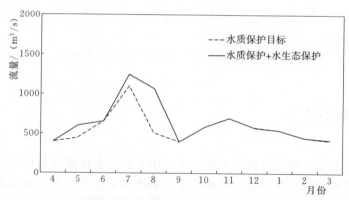

图 7.1 考虑水质保护目标的水库逐月下泄环境流量过程图

其次，对比分析上述环境流量过程是否能满足水生态保护目标。前面推求的环境流量在鱼类产卵期（5—8 月）变化范围为 $451\sim1100\mathrm{m}^3/\mathrm{s}$，由此计算得到襄阳站断面的流速范围为 $0.24\sim0.51\mathrm{m/s}$，流量范围为 $504\sim1231\mathrm{m}^3/\mathrm{s}$。对比天然情况下襄阳站多年逐月流量过程（表 7.2）可以发现，在鱼类产卵期环境流量过程有部分月份值要小于天然情况下的流量范围下限，即可能无法满足鱼类产卵的流速要求，因此需要对该环境流量过程进行修正，将这几个月份的环境流量调整为该下限流量所对应的水库下泄水量，由此得到能够同时满足水质保护与水生态保护目标的最终环境流量过程，如图 7.1 所示。

最后，将情景三和情景四采用的流量过程，即考虑大坝加高工程和组合调水工程影响后的水库设计下泄流量与环境流量过程进行了比较（图 7.2）。发现在鱼类产卵期（5—8 月），设计下泄流量除了在 7 月份能满足环境用水需求，其他几个月都不能满足环境用水需求，这将对鱼类产卵产生不利影响，因此应该增大这几个月的下泄水量，以满足生态系统的需求。但同时由于此时期水库还存在低温水下泄问题，所以还建议采用分层取水的措施来缓解其对鱼类的影响。10 月至次年 1 月设计下泄水量不能满足水质保护目标的要求，也应该加大下泄水量，以满足水功能区划要求。

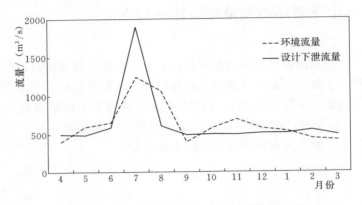

图 7.2　水库设计下泄流量与环境流量比较图

7.4　本章小结

由于大坝加高和组合调水工程对汉江中下游生态环境最为显著的影响主要体现在河道水量的减少而导致的水质恶化和水库下泄水量减少及低温水下泄而影响鱼类的产卵繁殖方面，因此选择河道的水质保护和鱼类产卵的水流条件需求作为控制目标，构建了环境流量过程反问题模型，该模型采用了脉冲谱＋格林函数＋弗雷德霍姆（Fredholm）积分方程＋正则解法的求解思路。利用该模型获得能满足河段各断面水质保护目标的逐月环境流量过程，在考虑鱼类产卵对于流速的需求后，得到一个同时满足水功能区与水生态保护目标的环境流量过程。将该环境流量过程与组合调水工程的设计流量过程进行比较，找出其中的差异，提出了一些修正现有设计下泄流量的建议与措施。具体而言，建议在鱼类产卵期（5—8 月），要加大水库下泄水量，以满足生态系统的需求。同时在 10 月至次年 1 月也应该加大下泄水量，以满足水功能区划要求。对于水库加大下泄水量后存在的低温水下泄问题，建议采用分层取水的措施来缓解该影响。

参 考 文 献

卜红梅，刘文治，张全发，2009. 多元统计方法在金水河水质时空变化分析中的应用 [J].
　　资源科学，31（3）：429 - 434.

曹小群，宋君强，张卫民，等，2010. 对流-扩散方程源项识别反问题的 MCMC 方法 [J].
　　水动力学研究与进展（A 辑），25（2）：127 - 136.

陈进，黄薇，2009. 长江环境流量问题及管理对策 [J]. 人民长江，40（8）：17 - 20.

陈明千，李艳，李克锋，等，2012. 水库降低水位运行对库区水质影响的预测研究 [J].
　　四川大学学报（工程科学版），44（增刊 1）：32 - 36.

陈攀，韩丽娟，2018. 不同模糊组合模型在水质评价中的应用比较 [J]. 人民黄河，40
　　（12）：100 - 105.

陈攀，李兰，周文财，2011. 水资源脆弱性及评价方法国内外研究进展 [J]. 水资源保护，
　　27（5）：32 - 38.

陈攀，2015. 汉江水温水质对组合调水工程和气候变化的响应规律及环境流量过程反演
　　[D]. 武汉：武汉大学.

邓晓宇，张强，陈晓宏，2015. 气候变化和人类活动综合影响下的抚河流域径流模拟研究
　　[J]. 武汉大学学报（理学版），61（3）：262 - 270.

董楠楠，王有乐，2016. 基于模糊综合评价法和层次分析法的张掖市黑河湿地水质评价
　　[J]. 湖北农业科学，55（21）：5535 - 5539，5542.

杜娟娟，2015. 基于不同赋权方法的模糊综合水质评价研究 [J]. 人民黄河，37（12）：
　　69 - 73.

方芳，陈国湖，2003. 调水对汉江中下游水质和水环境容量影响研究 [J]. 环境科学与技
　　术，26（1）：10 - 11，37.

方妍，2005. 国外跨流域调水工程及其生态环境影响 [J]. 人民长江，36（10）：9 - 10.

冯静，何太蓉，韦杰，2011. 三峡工程蓄流前后库区水质变化及对策分析 [J]. 重庆师范
　　大学学报（自然科学版），28（2）：23 - 27.

复旦大学数学系，1961. 数学物理方程 [M]. 2 版. 上海：上海科学技术出版社.

高学平，孙博闻，訾天亮，等，2017. 基于时域权重矩阵的模糊综合水质评价法及其应用
　　[J]. 环境工程学报，11（2）：970 - 976.

龚春生，姚琪，赵棣华，等，2006. 浅水湖泊平面二维水流-水质-底泥污染模型研究 [J].
　　水科学进展，17（4）：496 - 501.

黄光远，刘小军，1993. 数学物理反问题 [M]. 济南：山东科学技术出版社.

黄少彬，李开明，姜国强，等，2013. 基于 MIKE3 模型的珠江口水体交换研究 [J]. 环境
　　科学与管理，38（8）：134 - 140.

黄泽钧，2011. 调水工程对环境的影响分析 [J]. 水科学与工程技术 (6)：27 - 29.

吉利娜，刘苏峡，王新春，2010. 湿周法估算河道内最小生态需水量：以滦河水系为例 [J]. 地理科学进展，29 (3)：287 - 291.

吉洪诺夫 A H，阿尔先宁 B Q，1979. 不适定问题的解法 [M]. 北京：地质出版社.

金忠青，陈夕庆，1991. 用脉冲谱-优化法求解对流扩散方程边界条件控制反问题 [J]. 河海大学学报，19 (1)：1 - 8.

金忠青，陈夕庆，1992. 用脉冲谱-优化法求解对流扩散方程源项控制反问题 [J]. 河海大学学报，20 (2)：1 - 8.

景朝霞，夏军，张翔，等. 2019. 汉江中下游干流水质状况时空分布特征及变化规律 [J]. 环境科学研究，32 (1)：104 - 115.

李锦秀，廖文根，黄真理，2012. 三峡水库整体一维水质数学模拟研究 [J]. 水利学报 (12)：7 - 10, 17.

李兰，李志永，刘金才，2000. BOD$_5$ - DO 参数反问题偶合模型的研究 [J]. 水科学进展，11 (3)：255 - 259.

李兰，陆君安，叶守泽，1994. 河流污染物浓度及纵向混合系数的数值计算 [C] //中国工业与应用数学学会第三次大会文集. 北京：清华大学出版社：600 - 605.

李兰，王力，1996. 一维对流离散方程反问题的数值解法与应用 [J]. 武汉水利电力大学学报，29 (6)：158 - 162.

李兰，武见，王欣，2007. 三维环境流体动力学模型在漫湾水库水温中的应用研究 [C] //黄河国际论坛论文集. 郑州：黄河水利出版社：34 - 42.

李兰，武见，2010. 梯级水库三维环境流体动力学数值预测和水温分层与累积影响规律研究 [J]. 水动力学研究与进展 (A 辑)，25 (2)：155 - 164.

李兰，1995. 河流水质常微分方程反问题模型与参数识别 [J]. 水电能源科学，13 (4)：229 - 235.

李兰，1998. 水质反问题模型的时域频域算法 [J]. 水科学进展，9 (3)：218 - 223.

李兰，1999. 水环境逆动态逆边界混合控制精确算法 [J]. 水科学进展，10 (1)：7 - 13.

李兰，2009. 水电站群水资源与生态联合调控研究 [C] //中国水资源与水环境挑战论文集. 香港：香港环境科学出版社.

梁树培，李兰，1995. 一维河流水质污染模型中弥散系数的识别 [J]. 武汉水利电力大学学报 (1)：1 - 7.

刘昌明，1996. 调水工程的生态、环境问题与对策 [J]. 人民长江，27 (12)：16 - 17.

刘畅，2004. MIKE3 软件在水温结构模拟中的应用研究 [D]. 北京：中国水利水电科学研究院.

刘春蓁，占车生，夏军，等，2014. 关于气候变化与人类活动对径流影响研究的评述 [J]. 水利学报 (4)：379 - 385, 393.

刘顿开，吴以中，2017. 改进的模糊综合评价法及在河道水质评价中的应用研究 [J]. 环境科学与管理，42 (3)：190 - 194.

刘家琦，1983. 数学物理方程反问题分类及不适定问题的求解 [J]. 应用数学与计算数学学报，444：30 - 64.

刘聚涛，高俊峰，姜加虎，2010. 不同模糊评价方法在水环境质量评价中的应用比较 [J]. 环境污染与防治 (1)：20 - 25.

刘军英，贾更华，韩龙喜，等，2012. 水库下游河道水温沿程分布的解析解及与其他方法的比较 [J]. 水资源保护，28 (4)：28 - 32.

刘兰岚，张永红，2010. WASP 水质模型在辽河干流污染减排模拟中的应用 [J]. 环境科学与管理，35 (5)：160 - 163.

刘少文，1991. 一种河流水温计算公式 [J]. 武汉水利电力学院学报，24 (1)：49 - 58.

刘晓，刘海涵，王丽婧，等，2018. 三峡库区 EFDC 模型集成与应用 [J]. 环境科学研究，31 (2)：283 - 294.

吕睿喆，翁白莎，严登明，等，2015. 气候变化背景下旱涝事件对地表水环境影响研究进展 [J]. 中国水利 (13)：4 - 6.

吕振豫，穆建新，刘姗姗，2017. 气候变化和人类活动对流域水环境的影响研究进展 [J]. 中国农村水利水电 (2)：65 - 72, 76.

马芳冰，王烜，2011. 调水工程对生态环境的影响研究综述 [J]. 水利科技与经济，17 (10)：20 - 24.

马腾，刘文洪，宋策，等，2009. 基于 MIKE3 的水库水温结构模拟研究 [J]. 电网与清洁能源，25 (2)：68 - 71.

南朝，2010. 引沁入汾工程水环境影响研究 [D]. 西安：西安理工大学.

潘峰，付强，梁川，2002. 模糊综合评价在水环境质量综合评价中的应用研究 [J]. 环境工程，20 (2)：58 - 61.

潘中诚，1993. 数学物理方法教程 [M]. 天津：南开大学出版社.

桑连海，陈西庆，黄薇，2006. 河流环境流量法研究进展 [J]. 水科学进展，17 (5)：754 - 760.

申满斌，2005. 浑水水质模型研究及其在三峡库区岸边水质模拟中的应用 [D]. 北京：清华大学.

石代军，2017. 气候变化对地表水环境质量影响研究综述 [J]. 水利水电技术，48 (11)：141 - 149.

史方方，黄薇，2009. 丹江口水库对汉江中下游影响的生态学分析 [J]. 长江流域资源与环境，18 (10)：954 - 958.

孙文心，江文胜，李磊，2004. 近海环境流体动力学数值模型 [M]. 北京：科学出版社.

唐剑峰，周正，胡圣，2014. 丹江口水源区水资源脆弱性评价 [J]. 人民长江 (18)：5 - 9.

唐迎洲，阮晓红，王文远，2006. WASP5 水质模型在平原河网区的应用 [J]. 水资源保护，22 (6)：43 - 46.

汪达，1999. 论国外跨流域调水工程对生态环境的影响与发展趋势：兼谈对我国南水北调规划的思考 [J]. 环境科学动态 (3)：28 - 32.

王红，2007. 三维多组分泥沙数学模型及应用 [D]. 天津：天津大学.

王佳鹤，金忠青，1996. 对流-扩散方程反问题的控制论求解方法 [J]. 水动力学研究与进展 (A 辑)，11 (2)：229 - 235.

王蛟龙，郭晓明，2011. 基于 R2CROSS 法计算锦屏二级水电站生态环境需水量 [J]. 吉林水利 (8)：25 - 28.

王思文，齐少群，于丹丹，等，2015. 基于 WASP 模型的水环境质量预测与评价研究以松花江哈尔滨江段为例 [J]. 自然灾害学报，24 (1)：39 - 45.

王雅慧，2012. 梯级水电建设的水温生态影响初步研究 [D]. 武汉：武汉大学.

王颖，臧林，张仙娥，2003. 河道水温模型及糯扎渡水库下游河道水温预测 ［J］. 西安理工大学学报，19（3）：235 - 239.

王涌涛，张维佳，袁文麒，2007. 沧浪亭河道水温预测 ［J］. 桂林工学院学报，27（1）：40 - 43.

吴春华，轩晓博，刘达通，2009. 调水工程河道内生态需水量研究及实例分析 ［J］. 北京师范大学学报（自然科学版），45（增刊 1）：524 - 530.

吴玲玲，蒋亚萍，陈余道，2007. 用变化范围法（RVA）确定河流环境流量 ［J］. 广西水利水电（3）：10 - 13.

吴巍，孙文心，1995. 渤海局部海域风暴潮漫滩计算模式：ADI 干湿网格模式在局部海域风暴潮漫滩计算中的应用 ［J］. 青岛海洋学报，25（2）：146 - 152.

夏军，马协一，邹磊，等，2017. 气候变化和人类活动对汉江上游径流变化影响的定量研究 ［J］. 南水北调与水利科技，15（1）：1 - 6.

谢能刚，姜冬菊，王德信，2002. 调水工程中小型水库的冬季水温分析：申同嘴水库水体结冰及温度计算 ［J］. 西北水资源与水工程，4（13）：51 - 53.

熊伟，李克锋，邓云，等，2005. 一二维耦合温度模型在三峡水库水温中的应用研究 ［J］. 四川大学学报（工程科学版），37（2）：22 - 27.

许炯心，孙季，2007. 嘉陵江流域年径流量的变化及其原因 ［J］. 山地学报，25（2）：153 - 159.

阎伍玖，魏迎宪，1990. 安庆大湖水体营养状态的模糊评价 ［J］. 环境保护科学，16（4）：30 - 35.

杨爱民，张璐，甘泓，等，2011. 南水北调东线一期工程受水区生态环境效益评估 ［J］. 水利学报，42（5）：563 - 571.

于保慧，2015. 气候变化模式对大凌河流域水质影响的定量分析 ［J］. 东北水利水电，33（9）：30 - 32.

张建云，王国庆，刘九夫，等，2009. 国内外关于气候变化对水的影响的研究进展 ［J］. 人民长江，40（8）：39 - 41.

张荔，孙程，林金辉，等，2006. WASP6 水质模型在渭河流域水环境容量解析中的应用 ［J］. 水资源与水工程学报，17（6）：12 - 14.

张强，刘巍，杨霞，等，2019. 汉江中下游流域污染负荷及水环境容量研究 ［J］. 人民长江，50（2）：79 - 82.

张质明，王晓燕，马文林，等，2017. 未来气候变暖对北运河通州段自净过程的影响 ［J］. 中国环境科学，37（2）：730 - 739.

赵慧颖，李成才，赵恒和，等，2007. 呼伦湖湿地气候变化及其对水环境的影响 ［J］. 冰川冻土，29（5）：795 - 801.

赵敏，常玉苗，2009. 跨流域调水对生态环境的影响及其评价研究综述 ［J］. 水利经济，27（1）：1 - 4.

朱嵩，毛根海，程伟平，等，2007. 基于贝叶斯推理的水环境系统参数识别 ［J］. 江苏大学学报（自然科学版），28（3）：237 - 240.

AHMADI B，AHMADALIPOUR A，MORADKHANI H，2019. Hydrological drought persistence and recovery over the CONUS：A multi - stage framework considering water quantity and quality ［J］. Water research，150：97 - 110.

ALBEK M, ALBEK E, 2009. Stream temperature trends in Turkey [J]. Clean soil air water, 37 (2): 142 – 149.

ALBERTO W D, DEL PILAR D M, Valeria A M, et al. , 2001. Pattern recognition techniques for the evaluation of spatial and temporal variations in water quality, A case study: Suquía River Basin (Córdoba – Argentina) [J]. Water research, 35 (12): 2881 – 2894.

AREGA F, SANDERS B F, 2004. Dispersion model for tidal wetlands [J]. Journal of hydraulic engineering, 130 (8): 739 – 754.

ARNELLN W, HALLIDAY S J, BATTARBEE R W, et al. , 2015. The implications of climate change for the water environment in England [J]. Progress in physical geography, 39 (1): 93 – 120.

BLENCKNER T, ADRIAN R, LIVINGSTONE D M, et al. , 2007. Large – scale climatic signatures in lakes across Europe: A meta – analysis [J]. Global change biology, 13 (7): 1314 – 1326.

BOGAN T, STEFAN H G, MOHSENI O, 2004. Imprints of secondary heat sources on the stream temperature/equilibrium temperature relationship [J]. Water resources research, 40 (12): W12510.

BOISNEAU C, MOATAR F, BODIN M, et al. , 2008. Does global warming impact on migration patterns and recruitment of Allis shad (Alosa alosa L.) young of the year in the Loire River, France ? [J]. Hydrobiologia, 602 (1): 179 – 186.

BUSTILLO V, MOATAR F, DUCHARNE A, et al. , 2014. A multimodel comparison for assessing water temperatures under changing climate conditions via the equilibrium temperature concept: case study of the Middle Loire River, France [J]. Hydrological processes, 28 (3): 1507 – 1524.

CAISSIE D, El – JABI N, ST – HILAIRE A, 1998. Stochastic modelling of water temperatures in a small stream using air to water relations [J]. Canadian journal of civil engineering, 25 (2): 250 – 260.

CAISSIE D, SATISH M G, EL – JABI N, 2005. Predicting river water temperatures using the equilibrium temperature concept with application on Miramichi River catchments (New Brunswick, Canada) [J]. Hydrological processes, 19 (11): 2137 – 2159.

CAISSIE D, 2006. The thermal regime of rivers: a review [J]. Freshwater biology, 51 (8): 1389 – 1406.

CAKIR R, SAUVAGE S, GERINO M, et al. , 2020. Assessment of ecological function indicators related to nitrate under multiple human stressors in a large watershed [J]. Ecological indicators, 111: 106016.

CARRON J C, RAJARAM H, 2001. Impact of variable reservoir releases on management of downstream water temperatures [J]. Water resources research, 37 (6): 1733 – 1743.

CHAO X, Jia Y, COOPER C M, et al. , 2006. Development and application of a phosphorus model for a shallow oxbow lake [J]. Journal of environmental engineering, 132 (11): 1498 – 1507.

CHENH, TENG Y, YUE W, et al. , 2013. Characterization and source apportionment of water pollution in Jinjiang River, China [J]. Environmental monitoring and assessment,

185 (11): 9639 - 9650.

CHEN P, Li L, ZHANG H B, 2015. Spatio - temporal variations and source apportionment of water pollution in Danjiangkou Reservoir Basin, Central China [J]. Water, 7 (6): 2591 - 2611.

CHEN P, Li L, ZHANG H B, 2016. Spatio - temporal variability in the thermal regimes of the Danjiangkou Reservoir and its downstream river due to the large water diversion project system in central China [J]. Hydrology research, 47 (1): 104 - 127.

DAVIES B R, THOMS M, MEADOR M, 1992. An assessment of the ecological impacts of inter - basin water transfers, and their threats to river basin integrity and conservation [J]. Aquatic conservation: marine and freshwater ecosystems, 2 (4): 325 - 349.

EATON J G, SCHELLER R M, 1996. Effects of climate warming on fish thermal habitat in streams of the United States [J]. Limnology and oceanography, 41 (5): 1109 - 1115.

EDINGER J E, DUTTWEILER D W, GEYER J C, 1968. The response of water temperatures to meteorological conditions [J]. Water resources research, 4 (5): 1137 - 1143.

ERNST M R, OWENS J, 2009. Development and application of a WASP model on a large Texas reservoir to assess eutrophication control [J]. Lake and reservoir management, 25 (2): 136 - 148.

FENG T, WANG C, HOU, J, et al., 2018. Effect of inter - basin water transfer on water quality in an urban lake: A combined water quality index algorithm and biophysical modelling approach [J]. Ecological indicators, 92, 61 - 71.

FRANCZYK J, CHANG H, 2009. The effects of climate change and urbanization on the runoff of the Rock Creek basin in the Portland metropolitan area, Oregon, USA [J]. Hydrological processes, 23 (6): 805 - 815.

GALPERIN B, KANTHA L H, HASSID S, et al., 1988. A quasi - equilibrium turbulent energy model for geophysical flows [J]. Journal of the atmospheric sciences, 45 (1): 55 - 62.

GIBBINS C N, SOULSBY C, JEFFRIES M J, et al., 2001. Developing ecologically acceptable river flow regimes: a case study of Kielder reservoir and the Kielder water transfer system [J]. Fisheries management and ecology, 8 (6): 463 - 485.

GRAY D D, GIORGINI A, 1976. The validity of the Boussinesq approximation for liquids and gases [J]. International journal of heat and mass transfer, 19 (5): 545 - 551.

GREAVER T L, CLARK C M, COMPTON J E, et al., 2016. Key ecological responses to nitrogen are altered by climate change [J]. Nature climate change, 6 (9): 836 - 843.

GUO H, WANG T, LOUIE P K K, 2004. Source apportionment of ambient non - methane hydrocarbons in Hong Kong: Application of a principal component analysis/absolute principal component scores (PCA/APCS) receptor model [J]. Environmental pollution, 129 (3): 489 - 498.

HADZIMA - NYARKO M, RABi A, ŠPERAC M, 2014. Implementation of artificial neural networks in modeling the water - air temperature relationship of the River Drava [J]. Water resources management, 28 (5): 1379 - 1394.

HAMRICK J M, 1992. A three - dimensional environmental fluid dynamics computer code:

theoretical and computational aspects [R]. Virginia Institute of Marine Science, 1992.

HARVEY B C, WHITE J L, NAKAMOTO R J, et al. , 2014. Effects of streamflow diversion on a fish population: Combining empirical data and individual - based models in a site - specific evaluation [J]. North American journal of fisheries management, 34 (2): 247 - 257.

HEADRICK M R, CARLINE R F, 1993. Restricted summer habitat and growth of northern pike in two southern Ohio impoundments [J]. Transactions of the American fisheries society, 122 (2): 228 - 236.

HERB W R, STEFAN H G, 2011. Modified equilibrium temperature models for cold - water streams [J]. Water resources research, 47 (6): 295 - 307.

HUANG F, WANG X, LOU L, et al. , 2010. Spatial variation and source apportionment of water pollution in Qiantang River (China) using statistical techniques [J]. Water research, 44 (5): 1562 - 1572.

HUDAK, J P, 2011. Note: Stream diversion management to improve water quality in a Connecticut water supply reservoir [J]. Lake and reservoir management, 27 (1): 41 - 47.

HUGHES D A, 2001. Providing hydrological information and data analysis tools for the determination of ecological instream flow requirements for South African rivers [J]. Journal of hydrology, 241 (1 - 2): 140 - 151.

JAIN C K. 2002, A hydro - chemical study of a mountainous watershed: the Ganga, India [J]. Water research, 36 (5): 1262 - 1274.

JEONG S, YEON K, HUR Y, et al. , 2010. Salinity intrusion characteristics analysis using EFDC model in the downstream of Geum River [J]. Journal of environmental science, 22 (6): 934 - 939.

JEPPESEN E, IVERSEN T M, 1987. Two simple models for estimating daily mean water temperatures and diel variations in a Danish low gradient stream [J]. Oikos, 49 (2): 149 - 155.

JHA D K, VINITHKUMAR N V, SAHU B K, et al. , 2014. Multivariate statistical approach to identify significant sources influencing the physico - chemical variables in Aerial Bay, North Andaman, India [J]. Marine pollution bulletin, 85 (1): 261 - 267.

JOURDONNAIS J H, WALSH R P, PICKETT F J, et al. , 1992. Structure and calibration strategy for a water temperature model of the lower Madison River, Montana [J]. Rivers, 3 (3): 153 - 169.

JUAHIR H, ZAIN S M, YUSOFF M K, et al. , 2011. Spatial water quality assessment of Langat River Basin (Malaysia) using environmentric techniques [J]. Environmental monitoring and assessment, 173 (1 - 4): 625 - 641.

KANNEL P R, Lee S, Lee Y S, 2008. Assessment of spatial - temporal patterns of surface and ground water qualities and factors influencing management strategy of groundwater system in an urban river corridor of Nepal [J]. Journal of environmental management, 86 (4): 595 - 604.

KAZI T G, ARAIN M B, JAMALI M K, et al. , 2009. Assessment of water quality of polluted lake using multivariate statistical techniques: A case study [J]. Ecotoxicology and environmental safety, 72 (2): 301 – 309.

LAFONTAINE J H, HAY L E, VIGER R J, et al. , 2015. Effects of climate and land cover on hydrology in the Southeastern US: Potential impacts on watershed planning [J]. Journal of the American water resources association, 51 (5): 1235 – 1261.

LATTIN J M, CARROLL J D, GREEN P E, 2003. Analyzing Multivariate Data [M]. Beiing PR China: Thomoson leaning and china machine press, 2003.

LIM W Y, ARIS A Z, PRAVEENA S M, 2013. Application of the chemometric approach to evaluate the spatial variation of water chemistry and the identification of the sources of pollution in Langat River, Malaysia [J]. Arabian journal of geosciences, 6 (12), 4891 – 4901.

LIU C W, LIN K H, KUO Y M, 2003. Application of factor analysis in the assessment of groundwater quality in a blackfoot disease area in Taiwan [J]. Science of the total environment, 313 (1 – 3): 77 – 89.

LIU L, ZHOU J, AN X, et al. , 2010. Using fuzzy theory and information entropy for water quality assessment in Three Gorges region, China [J]. Expert systems with applications, 37 (3): 2517 – 2521.

LIU X G, AI K F, 2013. Inverse problem of multiple parameters identification for BOD – DO water quality model using evolutionary algorithm [C] //Proceeding of the 2013 Fifth International Conference on Computational and Information Sciences. USA: IEEE, 1076 – 1079.

LONG B T, 2020. Inverse algorithm for Streeter – Phelps equation in water pollution control problem [J]. Mathematics and computers in simulation, 171 (增刊I): 119 – 126.

LU R S, LO S L, HU J Y, 1999. Analysis of reservoir water quality using fuzzy synthetic evaluation [J]. Stochastic environmental research and risk assessment, 13 (5), 327 – 336.

LUO C, LI Z F, LIU H Y, et al. , 2019. Differences in the responses of flow and nutrient load to isolated and coupled future climate and land use changes [J]. Journal of environmental management, 256: 109918.

LUO F, LI R, 2009. 3D Water environment simulation for North Jiangsu offshore Sea based on EFDC [J]. Journal of water resource and protection, 1 (1), 41 – 47.

MARCÉ R, ARMENGOL J, 2008. Modelling river water temperature using deterministic, empirical, and hybrid formulations in a Mediterranean stream [J]. Hydrological processes, 22 (17): 3418 – 3430.

MATTHEWS R C, BAO Y, 1991. The Texas method of preliminary instream flow determination [J]. Rivers, 2 (4): 295 – 310.

MAVUKKANDY M O, KARMAKAR S, HARIKUMAR P S, 2014. Assessment and rationalization of water quality monitoring network: a multivariate statistical approach to the Kabbini River (India) [J]. Environmental science and pollution research, 21 (17): 10045 – 10066.

MEADOR M R, 1992. Inter – basin water transfer: ecological concerns [J]. Fisheries, 17 (2): 17 – 22.

MELLOR G L, YAMADA T, 1982. Development of a turbulence closure model for geophysical fluid problems [J]. Reviews of geophysics, 20 (4): 851 – 875.

MOHAMED A K, LIU D, MOHAMED M A A, et al. , 2018. Groundwater quality assessment of the quaternary unconsolidated sedimentary basin near the Pi river using fuzzy evaluation technique [J]. Applied water science, 8 (2): 65.

MORAIS P, 2008. Review on the major ecosystem impacts caused by damming and watershed development in an Iberian basin (SW – Europe): focus on the Guadiana estuary [J]. Annales de limnologie – international journal of limnology, 44 (2): 105 – 117.

MOROZOV V A, 1984. Methods for solving incorrectly posed problems [M]. Germany: Springer – Verlay.

MOSES S A, JANAKI L, JOSEPH S, et al. 2015. Water quality prediction capabilities of WASP model for a tropical lake system [J]. Lakes & reservoirs: research & management, 20 (4): 285 – 299.

MOSLEY L M, 2015. Drought impacts on the water quality of freshwater systems: review and integration [J]. Earth – science reviews, 140: 203 – 214.

MOUSTAFA M Z, HAMRICK J M, 2000, Calibration of the wetiand hydrodynamic model to the everglades nutrient removal project [J]. Water quality & ecosystems modeling. 1 (1 – 4):141 – 167.

MURDOCH P S, BARON J S, Miller T L, 2000. Potential effects of climate change on surface water quality in North America [J]. Journal of the American water resources association, 36 (2): 347 – 366.

MUSTAPHA A, ARIS A Z, JUAHIR H, et al. , 2013. River water quality assessment using environmentric techniques: case study of Jakara River Basin [J]. Environmental science and pollution research international, 20 (8): 5630 – 5644.

MUSTAPHA A, ARIS A Z, YUSOFF F M, et al. , 2014. Statistical approach in determining the spatial changes of surface water quality at the upper course of Kano River, Nigeria [J]. Water quality, exposure and health, 6 (3): 127 – 142.

NARDINI A, Blanco H, SENIOR C, 1997. Why didn't EIA work in the Chilean project canal laja – diguillín? [J]. Environmental impact assessment review, 17 (1): 53 – 63.

NULL S E, LIGARE S T, VIERS J H, 2013. A method to consider whether dams mitigate climate change effects on stream temperatures [J]. Journal of the American water resources association, 49 (6): 1456 – 1472.

O'KEEFFE J, HUGHES D, THARME R, 2002. Linking ecological responses to altered flows, for use in environmental flow assessments: the Flow Stressor – Response method [J]. Internationale vereinigung für theoretische und angewandte limnologie: verhandlungen, 28 (1): 84 – 92.

OLDEN J D, NAIMAN R J, 2010. Incorporating thermal regimes into environmental flows assessments: Modifying dam operations to restore freshwater ecosystem integrity [J]. Freshwater biology, 55 (1): 86 – 107.

PARK K, JUNG H S, KIM H S, et al. , 2005. Three – dimensional hydrodynamic – eutrophication model (HEM – 3D): application to Kwang – Yang Bay, Korea [J]. Marine environmental research, 60 (2): 171 – 193.

POFF N L, RICHTER B D, Arthington A H, et al. , 2010. The ecological limits of hydrologic alteration (ELOHA): a new framework for developing regional environmental flow standards [J]. Freshwater biology, 55 (1): 147 – 170.

PRATS J, VAL R, DOLZ J, et al. , 2012. Water temperature modeling in the Lower Ebro River (Spain): Heat fluxes, equilibrium temperature, and magnitude of alteration caused by reservoirs and thermal effluent [J]. Water resources research, 48 (5): W05523.

RATTO M, TARANTOLA S, SALTELLI A, 2001. Sensitivity analysis in model calibration: GSA – GLUE approach [J]. Computer physics communications, 136 (3): 212 – 224.

REHANA S, MUJUMDAR P P, 2011. River water quality response under hypothetical climate change scenarios in Tunga – Bhadra River, India [J]. Hydrological processes, 25 (22): 3373 – 3386.

REINFELDS I, BROOKS A J, HAEUSLER T, et al. , 2006. Temporal patterns and effects of surface – water diversions on daily flows and aquatic habitats: Bega – Bemboka River, New South Wales, Australia [J]. Geographical research, 44 (4): 401 – 417.

ROSATI A, MIYAKODA K, 1988. A general circulation model for upper ocean simulation [J]. Journal of physical oceanography, 18 (11): 1601 – 1626.

SHRESTHA S, KAZAMA F, 2007. Assessment of surface water quality using multivariate statistical techniques: A case study of the Fuji river basin, Japan [J]. Environmental modelling & software, 22 (4): 464 – 475.

SIMEONOV V, STRATIS J A, SAMARA C, et al. , 2003. Assessment of the surface water quality in Northern Greece [J]. Water research, 37 (17): 4119 – 4124.

SINGH K P, MALIK A, SINHA S, 2005. Water quality assessment and apportionment of pollution sources of Gomti river (India) using multivariate statistical techniques: a case study [J]. Analytica chimica Acta, 538 (1 – 2): 355 – 374.

SLADKEVICH M, MILITEEV A N, RUBIN H, et al. , 2000. Simulation of transport phenomena in shallow aquatic environment [J]. Journal of hydraulic engineering, 126 (2): 123 – 136.

SONIAT T M, CONZELMANN C P, BYRD J D, et al. , 2013. Predicting the effects of proposed Mississippi River Diversions on oyster habitat quality: Application of an Oyster Habitat Suitability Index Model [J]. Journal of shellfish research, 32 (3): 629 – 638.

STALNAKER C B, LAMB B L, HENRIKSEN J, et al. , 1994. The Instream Flow Incremental Methodology: A Primer for IFIM [M]. USA: Internal Publication.

STEFAN H G, PREUD'HOMME E B, 1993. Stream temperatureestimation from air temperature [J]. Journal of the American water resources association, 29 (1): 27 – 45.

STEFAN H, FORD D E, 1975. Temperature dynamics in dimictic lakes [J]. Journal of the hydraulics division, 101 (1): 97 – 114.

TENNAT D L, 1976. Instream flow regimens for fish, wildife, recreation, and related environmental resources [J]. Fisheries, 1 (4): 6 – 10.

TIBBY J, TILLER D, 2007. Climate – water quality relationships in three Western Victorian (Australia) lakes 1984 – 2000 [J]. Hydrobiologia, 591 (1): 219 – 234.

TIKHONOV A N, ARSENIN V Y, 1977. Solutions of III – posed problems [M]. New York: Halsted Press.

TOKUDA D, KIM H, YAMAZAKI D, et al. , 2019. Development of a global river water temperature model considering fluvial dynamics and seasonal freeze – thaw cycle [J]. Water resources research, 55 (2): 1366 – 1383.

TOMER M D, SCHILLING K E, 2009. A simple approach to distinguish land – use and climate – change effects on watershed hydrology [J]. Journal of hydrology, 376 (1 – 2): 24 – 33.

VAN VLIET M T H, ZWOLSMAN J J G, 2008. Impact of summer droughts on the water quality of the Meuse river [J]. Journal of hydrology, 353 (1 – 2): 1 – 17.

VAROL M, GÖKOT B, BEKLEYEN A, et al., 2012. Spatial and temporal variations in surface water quality of the dam reservoirs in the Tigris River basin, Turkey [J]. Catena, 92: 11 – 21.

VAROL M, 2013. Dissolved heavy metal concentrations of the Kralkızı, Dicle and Batman dam reservoirs in the Tigris River basin, Turkey [J]. Chemosphere, 93 (6): 954 – 962.

WAHLIN A K, JOHNSON H L, 2009. The salinity, heat, and buoyancy budgets of a coastal current in a marginal sea [J]. Journal of physical Oceanography, 39 (10): 2562 – 2580.

WALTERS C, KORMAN J, STEVENS L E, et al., 2000. Ecosystem modeling for evaluation of adaptive management policies in the Grand Canyon [J]. Conservation ecology, 4 (2): 93.

WANG X Y, JIA J, SU T L, et al., 2018. A fusion water quality soft – sensing method based on WASP model and its application in water eutrophication evaluation [J]. Journal of chemistry, 2018: 1 – 14.

WANG Y G, ZHANG W S, ZHAO Y X, et al., 2016. Modelling water quality and quantity with the influence of inter – basin water diversion projects and cascade reservoirs in the Middle – lower Hanjiang River [J]. Journal of hydrology, 541B: 1348 – 1362.

WEBB B W, NOBILIS F, 1997. Long – term perspective on the nature of the air – water temperature relationship: A case study [J]. Hydrological processes, 11 (2): 137 – 147.

WRIGHT S A, ANDERSON C R, VOICHICK N, 2009. A simplified water temperature model for the Colorado River below Glen Canyon Dam [J]. River research and applications, 25 (6): 675 – 686.

WU G, XU Z, 2011. Prediction of algal blooming using EFDC model: Case study in the Daoxiang Lake [J]. Ecological modelling, 222 (6): 1245 – 1252.

XIA H X, WU Q, MOU X L, et al., 2015. Potential impacts of climate change on the water quality of different water bodies [J]. Journal of environmental informatics, 25 (2): 85 – 98.

XIE G Q, CHEN Y M, 1985. A modified pulse – spectrum technique for solving inverse problems of two – dimensional elastic wave equation [J]. Applied numerical mathematics, 1 (3): 217 – 237.

XU Y, XIE R, WANG Y, et al., 2015. Spatio – temporal variations of water quality in Yuqiao Reservoir Basin, North China [J]. Frontiers of environmental science & engineering, 9 (4): 649 – 664.

YANG L, MEI K, LIU X, et al., 2013. Spatial distribution and source apportionment of water pollution in different administrative zones of Wen – Rui – Tang (WRT) river watershed,

China [J]. Environmental science and pollution research, 20 (8): 5341 – 5352.

YANG M, Li L, Li J, 2012. Prediction of water temperature in stratified reservoir and effects on downstream irrigation area: A case study of Xiahushan reservoir [J]. Physics and chemistry of the earth, parts A/B/C, 53 – 54: 38 – 42.

YANG Y H, ZHOU F, GUO H C, et al., 2010. Analysis of spatial and temporal water pollution patterns in Lake Dianchi using multivariate statistical methods [J]. Environmental monitoring and assessment, 170 (1 – 4): 407 – 416.

YARNELL S M, STEIN E D, WEBB J A, et al., 2020. A functional flows approach to selecting ecologically relevant flow metrics for environmental flow applications [J]. River research & applications, 36 (2): 318 – 324.

YEVENES M A, FIGUEROA R, PARRA O, 2018. Seasonal drought effects on the water quality of the Biobío River, Central Chile [J]. Environmental science and pollution research, 25 (14): 13844 – 13856.

ZHANG Y, GUO F, MENG W, et al., 2009. Water quality assessment and source identification of Daliao river basin using multivariate statistical methods [J]. Environmental monitoring and assessment, 152 (1 – 4): 105 – 121.

ZHAO Y P, WU R, CUI J L, et al., 2020. Improvement of water quality in the Pearl River Estuary, China: a long – term (2008 – 2017) case study of temporal – spatial variation, source identification and ecological risk of heavy metals in surface water of Guangzhou [J]. Environmental science and pollution research, 27: 21084 – 21097.

ZHOU F, HUANG G H, GUO H, et al., 2007. Spatio – temporal patterns and source apportionment of coastal water pollution in eastern Hong Kong [J]. Water research, 41 (15): 3429 – 3439.

ZHOU F, LIU Y, GUO H, 2007. Application of multivariate statistical methods to water quality assessment of the watercourses in Northwestern New Territories, Hong Kong [J]. Environmental monitoring and assessment, 132 (1 – 3): 1 – 13.

ZILBERBRAND M, ROSENTHAL E, SHACHNAI E, 2001. Impact of urbanization on hydrochemical evolution of groundwater and on unsaturated – zone gas composition in the coastal city of Tel Aviv, Israel [J]. Journal of contaminant hydrology, 50 (3 – 4): 175 – 208.

ZOU Z H, YI Y, SUN J N, 2006. Entropy method for determination of weight of evaluating indicators in fuzzy synthetic evaluation for water quality assessment [J]. Journal of environmental sciences, 18 (5): 1020 – 1023.